建筑电工学

上　册

主编　苏　刚　王秀丽

天津大学出版社

TIANJIN UNIVERSITY PRESS

内容提要

本书是一本具有鲜明建筑类非电专业特色的电工学教材,专业性强,行业特色突出,符合目前电工学相关课程的教改思路。

本书上册为电工技术基础,下册为电子技术基础。在电工技术基础部分,主要介绍了电路理论的基本知识;电气设备与控制部分的内容包括变压器、常用低压电器和异步电动机及典型控制,PLC控制技术,结合建筑特点,介绍了三相变压器和建筑设备控制等内容;建筑电气应用部分介绍了建筑供配电、安全用电、建筑防雷、建筑图识图(强电、弱电)等基本知识。每章后面附有适量习题,便于学生自学。

本书适合于建筑类本科院校的电工学课程。

图书在版编目(CIP)数据

建筑电工学. 上册/苏刚主编. —天津:天津大学出版社,
2008.8(2020.7 重印)
ISBN 978-7-5618-2762-8

Ⅰ. 建⋯ Ⅱ. 苏⋯ Ⅲ. 建筑工程 – 电工 Ⅳ. TU85

中国版本图书馆 CIP 数据核字(2008)第 130939 号

出版发行	天津大学出版社
地　　址	天津市卫津路 92 号天津大学内(邮编:300072)
电　　话	发行部:022-27403647　邮购部:022-27402742
网　　址	www. tjupress. com. cn
印　　刷	廊坊市海涛印刷有限公司
经　　销	全国各地新华书店
开　　本	185mm ×260mm
印　　张	12.5
字　　数	312 千
版　　次	2008 年 8 月第 1 版
印　　次	2020 年 7 月第 8 次
定　　价	35.00 元

前　言

　　本书是根据电工学课程教学的基本要求并结合建筑类院校的特点编写的学科基础课教材。书中对电工技术的基础理论、基本知识和基本技能作了比较全面的阐述,同时结合建筑特点,对常用低压电器、异步电动机及其典型控制电路、三相变压器和建筑设备控制等内容进行了介绍;另外,详细阐述了建筑电气的基本知识。

　　本书力求让读者了解电工技术在建筑中的应用,内容力求少而精,以实用为原则,为学习后续课程以及从事与本专业有关的工程技术等工作打下基础。

　　根据作者的教学经验,本书在内容安排上具有如下特点:

　　1. 电工技术基础部分主要介绍了电路中的基本电量和电路的分析方法。

　　2. 变压器及电动机部分介绍了变压器的结构及单相、三相变压器的工作原理,同时重点介绍了三相异步电动机的工作原理、机械特性,并对其启动、调速和制动等内容作了介绍。

　　3. 电气控制部分阐述了低压电器的基本知识及 PLC 的工作原理,结合建筑专业的特点,介绍了典型的电机及建筑设备继电器控制和 PLC 控制。

　　4. 建筑电气部分介绍了建筑供配电、安全用电、建筑防雷、建筑识图(强电、弱电)的基本知识,使得建筑类非电专业的读者能够对建筑电气有所了解,对本专业的施工和设计起到很好的协调作用,增强了本书的实用性。

　　5. 模拟电子部分主要介绍了基本放大电路、集成运算放大器和直流稳压电源等内容。

　　6. 数字电子部分主要介绍了门电路和组合逻辑电路、触发器和时序逻辑电路及模拟量和数字量的转换等内容。

　　书中编写了一定数量的例题和习题。这些题目主要是针对教学内容的重点和难点给出,具有一定的典型性、示范性和启发性,能更好地引导学生掌握本课程的主要理论和基本概念,培养学生解决工程中实际问题的能力。

　　本书上册由苏刚主编,负责全书的策划、组织和统稿工作,并编写第 5、6、7、8、9 章和附录部分;王秀丽编写第 1、2、3、4 章;下册由黄民德主编,负责全书的策划、组织和统稿工作,并编写第 10、16 章,陈伟芬编写第 14、15 章,顾贵芬编写第 11、12、13 章。

　　在编写中,天津城市建设学院设计院季中工程师提供了宝贵的资料;王英红、范文、陈建伟、潘雷、彭桂力、刘炳潮、于归飞、吴景海等老师及顾铭同学给予了大力支持,对此表示衷心的感谢。

　　由于作者水平有限,书中出现缺点和错误在所难免,希望广大读者批评指正。

编者

2008 年 5 月

目　　录

第 1 章　直流电路 ……………………………………………………………… (1)
1.1　电路的作用和组成 …………………………………………………… (1)
1.2　电路的基本物理量 …………………………………………………… (2)
1.3　电压和电流的参考方向 ……………………………………………… (3)
1.4　欧姆定律 ……………………………………………………………… (4)
1.5　电源的状态 …………………………………………………………… (5)
1.6　基尔霍夫定律 ………………………………………………………… (8)
1.7　电阻的串并联 ………………………………………………………… (10)
1.8　电压源与电流源的等效变换 ………………………………………… (12)
1.9　支路电流法 …………………………………………………………… (17)
1.10　节点电压法 ………………………………………………………… (18)
1.11　叠加原理 …………………………………………………………… (18)
1.12　等效电源定理 ……………………………………………………… (20)
1.13　电位的计算 ………………………………………………………… (23)
习　　题 …………………………………………………………………… (24)
第 2 章　正弦交流电路 ………………………………………………………… (27)
2.1　正弦交流电的基本概念 ……………………………………………… (27)
2.2　正弦量的相量表示法 ………………………………………………… (30)
2.3　电阻元件、电感元件与电容元件 …………………………………… (32)
2.4　单一参数交流电路 …………………………………………………… (35)
2.5　电阻、电感与电容元件串联的交流电路 …………………………… (41)
2.6　阻抗的串联与并联 …………………………………………………… (45)
2.7　电路的谐振 …………………………………………………………… (47)
2.8　功率因数的提高 ……………………………………………………… (50)
习　　题 …………………………………………………………………… (52)
第 3 章　三相交流电路 ………………………………………………………… (55)
3.1　三相电源 ……………………………………………………………… (55)
3.2　三相负载 ……………………………………………………………… (57)
3.3　三相功率 ……………………………………………………………… (61)
习　　题 …………………………………………………………………… (63)
第 4 章　磁路和变压器 ………………………………………………………… (65)
4.1　磁路 …………………………………………………………………… (65)
4.2　交流铁芯线圈 ………………………………………………………… (69)
4.3　电磁铁 ………………………………………………………………… (71)

4.4　单相变压器 ……………………………………………………………………（73）

4.5　三相变压器 ……………………………………………………………………（80）

4.6　特殊变压器 ……………………………………………………………………（85）

习　　题 ………………………………………………………………………………（87）

第5章　三相异步电动机 …………………………………………………………（89）

5.1　电机概述 ………………………………………………………………………（89）

5.2　三相异步电动机的构造 ………………………………………………………（90）

5.3　三相异步电动机的工作原理 …………………………………………………（91）

5.4　三相异步电动机的转矩与机械特性 …………………………………………（97）

5.5　三相异步电动机的启动 ………………………………………………………（100）

5.6　三相异步电动机的调速 ………………………………………………………（104）

5.7　三相异步电动机的制动 ………………………………………………………（106）

5.8　三相异步电动机的铭牌数据 …………………………………………………（107）

5.9　三相异步电动机的选择 ………………………………………………………（110）

习　　题 ………………………………………………………………………………（113）

第6章　继电接触器控制系统 ……………………………………………………（115）

6.1　常用控制电器 …………………………………………………………………（115）

6.2　笼型电动机直接启动的控制线路 ……………………………………………（120）

6.3　笼型电动机正反转的控制线路 ………………………………………………（121）

6.4　行程控制 ………………………………………………………………………（122）

6.5　时间控制 ………………………………………………………………………（122）

6.6　典型控制电路举例 ……………………………………………………………（125）

习　　题 ………………………………………………………………………………（128）

第7章　可编程序控制器及其应用 ………………………………………………（131）

7.1　可编程控制器的基本概念 ……………………………………………………（131）

7.2　可编程控制器的基本指令 ……………………………………………………（135）

7.3　可编程序控制器应用举例 ……………………………………………………（142）

习　　题 ………………………………………………………………………………（144）

第8章　建筑供电与用电安全 ……………………………………………………（146）

8.1　电力系统概述 …………………………………………………………………（146）

8.2　低压配电系统 …………………………………………………………………（150）

8.3　安全用电 ………………………………………………………………………（155）

8.4　建筑防雷 ………………………………………………………………………（161）

习　　题 ………………………………………………………………………………（165）

第9章　建筑电气施工图 …………………………………………………………（166）

9.1　电气照明施工图 ………………………………………………………………（166）

9.2　建筑弱电实例分析 ……………………………………………………………（180）

附　　录 ………………………………………………………………………………（186）

第 1 章　直流电路

本章是在物理学的基础上,从工程技术的角度出发,以直流电路为分析对象,着重讨论电路的基本知识、基本定律以及电路的分析和计算方法。这些内容不仅适用于直流电路,在一定程度上也适用于交流电路,而且还是今后分析电子电路的重要基础。

1.1　电路的作用和组成

简单地说,电路就是电流流通的路径,是导体及一些元器件为完成一定功能、按一定方式组合后的总称。

电路的作用大致有两种:一是实现能量的输送和转换;二是实现信号的传递和处理。

常见的各种照明电路和动力电路就是用来输送和转换能量的。例如,图 1.1.1 所示简单照明电路中,电池把化学能转换成电能供给照明灯,照明灯再把电能转换成光能作照明之用。对这类电路一般要求它具有较小的能量损耗和较高的效率。

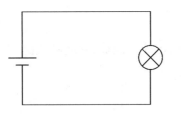

图 1.1.1　简单照明电路

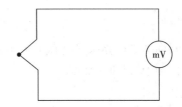

图 1.1.2　简单测温电路

在电子技术和非电量测量中,会遇到另一类以传递信号和处理信号为主要目的的电路。例如,图 1.1.2 所示简单测温电路中,热电偶将温差转换成电信号(电动势),然后通过毫伏表将温差转换成的电信号测量出来。在这一类电路中,虽然也有能量的输送和转换问题,但数量很小,一般所关注的是如何准确而迅速地传递和处理信号等问题。

组成电路的元器件及其连接方式虽然多种多样,但都包含有电源、负载和连接导线等三个基本部分。电源是将非电形态的能量转换为电能的供电设备,例如蓄电池、发电机和信号源等。其中蓄电池将化学能转换成电能,发电机将机械能转换成电能,而信号源则将非电量转换成电信号。负载是将电能转换成非电形态能量的用电设备,例如电动机、照明灯和电炉等。其中电动机将电能转换成机械能,照明灯将电能转换成光能,而电炉则将电能转换成热能。导线起着沟通电路和输送电能的作用。

除以上三个基本部分以外,实际电路还常根据实际工作的需要增添一些辅助设备,如接通和断开电路用的控制电器(如刀开关)和保障安全用电的保护装置(如熔断器)等。

当电路中的电流是不随时间变化的直流电流时,这种电路称为直流电路。当电路中的电流是随时间按正弦规律变化的交流电流时,这种电路称为正弦交流电路。由于国家标准规定不随时间变化的物理量用大写字母表示,随时间变化的物理量用小写字母表示,因此,电流、电压和电动势等物理量在直流电路中用 I、U、E 等表示,在交流电路中用 i、u、e 等表示。

电路有时又称电网络,简称网络。如果电路的某一部分只有两个端钮与外部连接(图1.1.3),则可将这一部分电路视为一个整体,称为二端网络;此外还有三端网络、四端网络等。内部不含电源的网络称为无源网络,含有电源的网络称为有源网络。

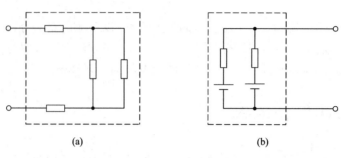

图 1.1.3　二端网络
(a)无源二端网络;(b)有源二端网络

1.2　电路的基本物理量

1.2.1　电流

单位时间内通过电路某一横截面的电荷[量]称为电流。因此,在直流电路中电流用 I 表示,它与电荷[量]Q、时间 t 的关系为

$$I = \frac{Q}{t} \tag{1.2.1}$$

式中:Q 的单位为库[仑](C);t 的单位为秒(s);I 的单位为安[培](A)。随时间变化的电流用 i 表示,它等于电荷[量]q 对时间 t 的变化率,即

$$i = \frac{\mathrm{d}q}{\mathrm{d}t} \tag{1.2.2}$$

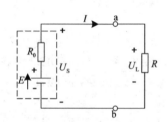

图 1.2.1　电路的基本物理量

电流的实际方向规定为正电荷运动的方向,如图1.2.1所示。从电源来看,电源本身的电流通路称为内电路(图1.2.1虚线框中的电路),电源以外的电流通路称为外电路(图1.2.1虚线框外的电路)。在内电路中电流由电源负极流向正极,在外电路中电流由电源的正极流向负极。

1.2.2　电压

电场力将单位正电荷从电路的某一点移至另一点时所消耗的电能,即转换成非电形态能量的电能称为这两点间的电压。在直流电路中电压用字母 U 表示,单位是伏[特](V)。在图1.2.1所示电路中,U_s 是电源两端的电压,U_L 是负载两端的电压。

　　电压的实际方向规定为由高电位指向低电位的方向,即电位降的方向,故电压有时又称电压降。在电路图中,用"＋"和"－"表示电压的极性。"＋"端为高电位端,"－"端为低电位端。

1.2.3　电动势

　　电源中的局外力(即非电场力)将单位正电荷从电源的负极移至电源的正极所转换而来的电能称为电源的电动势。在直流电路中用字母 E 表示,单位也是伏[特](V)。

　　电动势的实际方向规定由电源负极指向电源正极的方向,即电位升的方向。它与电源电压的实际方间是相反的,如图 1.2.1 中箭头所示。

　　本书中各物理量的单位都是采用国际单位制(SI),如前述的 A、V 等。但是在实际应用时,有时会感到这些基本单位太大或太小,使用不便。在这种情况下,可以改用如 mV(毫伏)、mA(毫安)、kV(千伏)等辅助单位。辅助单位是在基本单位前面加上相应词头构成的。这些词头的含义见附录 A。

1.3　电压和电流的参考方向

　　图 1.2.1 是最简单的直流电阻电路,其中 E、U_S 和 R_0 分别为电源的电动势、端电压和内阻,R 为负载电阻。电路中电流为 I。电流 I、电压 U 和电动势 E 是电路的基本物理量,在分析电路时必须在电路图上用箭头或"＋"、"－"标出它们的方向或极性(如图中所示),才能正确列出电路方程。

　　关于电压和电流的方向,有实际方向和参考方向之分,要加以区别。

1.3.1　电流的参考方向

　　习惯上规定正电荷运动的方向或负电荷运动的反方向为电流的方向(实际方向)。电流的方向是客观存在的。但在分析较为复杂的直流电路时,往往难于事先判断某支路中电流的实际方向;对交流电路,实际方向是随

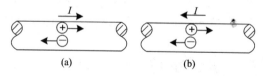

图 1.3.1　电流的参考方向
(a)正值;(b)负值

时间不断变化的。因此,在这些情况下分析与计算电路时,常可任意选定某一方向作为电流的参考方向,或称为正方向。所选的电流参考方向并不一定与电流实际方向一致。当电流的实际方向与参考方向一致时,则电流为正值(图 1.3.1(a));反之,当电流的实际方向与其参考方向相反时,则电流为负值(图 1.3.1(b))。因此,在参考方向选定之后,电流之值才有正负之分。

1.3.2　电压的参考方向

　　电压和电动势都是标量,但在分析电路时,和电流一样,也说它们具有方向。电压的方向规定为由高电位("＋"极性)端指向低电位("－"极性)端,即为电位降低的方向。电源电动势的方向规定为在电源内部由低电位("－"极性)端指向高电位("＋"极性)端,即为电位升高的方向。

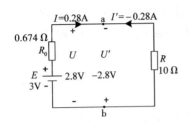

图 1.3.2　电压和电流的
参考方向

在电路图上所标的电流、电压和电动势的方向,一般都是参考方向,它们是正值还是负值,视选定的参考方向而定。例如,图 1.3.2 中电压 U 的参考方向与实际方向一致,故为正值;而 U' 的参考方向与实际方向相反,故为负值。两者可写为 $U = -U'$;电流亦然,$I = -I'$。

电压的参考方向除用极性"＋"、"－"表示外,也可用双下标表示。例如 a、b 两点间的电压 U_{ab},它的参考方向是由 a 指向 b,也就是说 a 点的参考极性为"＋",b 点的参考极性为"－"。如果参考方向选为由 b 指向 a,则为 U_{ba},$U_{ab} = -U_{ba}$。电流的参考方向也可用双下标表示。

1.3.3　关联参考方向

在选定的参考方向下,电压和电流都是代数量。今后在电路图中所画的电压和电流的方向都是参考方向。

原则上参考方向是可以任意选择的,但是在分析某一个电路元件的电压与电流的关系时,需要将它们联系起来选择,这样设定的参考方向称为关联参考方向。今后在单独分析电源或负载的电压与电流的关系时用图 1.3.3 关联参考方向。其中电源电流的参考方向是由电压参考方向所假定的低电位经电源流向高电位。负载电流的参考方向是由电压参考方向所假定的高电位经负载流向低电位。符合这种规定的参考方向称为参考方向一致。

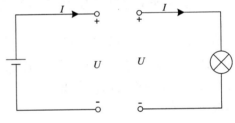

图 1.3.3　关联参考方向

1.4　欧姆定律

通常通过电阻的电流与电阻两端的电压成正比,这就是欧姆定律。它是分析电路的基本定律之一。对图 1.4.1(a)的电路,欧姆定律可用下式表示

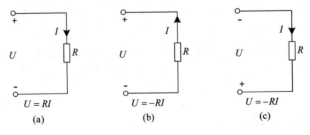

图 1.4.1　欧姆定律
(a)电压与电流参考方向相同;(b)电压与电流参考方向相反;
(c)电压与电流参考方向相反

$$\frac{U}{I} = R \qquad\qquad (1.4.1)$$

式中: R 即为该段电路的电阻。

由上式可见,当所加电压 U 一定时,电阻 R 愈大,则电流 I 愈小。显然,电阻具有对电流起阻碍作用的物理性质。

在国际单位制中,电阻的单位是欧[姆](Ω)。当电路两端的电压为 1 V,通过的电流为 1 A 时,则该段电路的电阻为 1 Ω。计量大电阻时,则以千欧(kΩ)或兆欧(MΩ)为单位。

根据在电路图上所选电压和电流的参考方向不同,在欧姆定律的表示式中可带有正号或负号。当电压和电流的参考方向一致时(图 1.4.1(a)),则得

$$U = RI \qquad\qquad (1.4.2)$$

当两者的参考方向相反时(图 1.4.1(b)和图 1.4.1(c)),则得

$$U = -RI \qquad\qquad (1.4.3)$$

这里应注意,一个式子中有两套正负号,上两式中的正负号是根据电压和电流的参考方向得出的。此外,电压和电流本身还有正值和负值之分。

1.5　电源的状态

电源在不同的工作条件下会处于不同的状态,并具有不同的特点。电源的状态主要有三种,分别是有载状态、开路状态和短路状态。今以直流电路为例,分别讨论电源三种状态下的电流、电压和功率。

1.5.1　电源的有载状态

将图 1.5.1 中开关合上,接通电源与负载,就是电源有载工作状态。下面分别讨论以下几个问题。

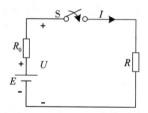

图 1.5.1　电源有载工作

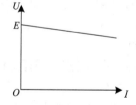

图 1.5.2　电源的外
特性曲线

1. 电压和电流

应用欧姆定律可列出电路中的电流

$$I = \frac{E}{R_0 + R} \qquad\qquad (1.5.1)$$

和负载电阻两端的电压

$$U = IR \qquad\qquad (1.5.2)$$

并由上两式可以得出

$$U = E - R_0 I \tag{1.5.3}$$

由上式可见,电源端电压小于电动势,两者之差为电流通过电源内阻产生的电压降 $R_0 I$。电流愈大,则电源端电压下降得愈多。表示电源端电压 U 与输出电流 I 之间关系的曲线,称电源的外特性曲线,如图 1.5.2 所示,其斜率与电源内阻有关。电源内阻一般很小。当 $R_0 \ll R$ 时,则

$$U \approx E$$

上式表明当电流(负载)变动时,电源端电压的变动不大,这说明它带负载能力强。

2. 功率与功率平衡

(1)功率

单位时间内所转换的电能称为电功率,简称功率。在直流电路中用字母 P 表示。在国际单位制中,功率的单位是瓦[特](W)或千瓦(kW)。1 s 内转换 1 J 的能量,则功率为 1 W。

根据电压和电动势的定义,电源产生的电功率为

$$P_E = EI \tag{1.5.4}$$

电源输出的电功率为

$$P = UI \tag{1.5.5}$$

负载消耗(取用)的电功率为

$$P_L = U_L I \tag{1.5.6}$$

负载的大小通常用负载取用功率的大小说明。

此外,在图 1.5.1 所示电路中,电流通过电源内电阻 R_0 时还会产生功率损耗 $R_0 I^2$。

(2)电能

在时间 t 内转换的电功率称为电能。在直流电路中电能用 W 表示,它与功率和时间的关系为

$$W = Pt \tag{1.5.7}$$

电能的单位是焦[耳](J)。

工程上电能的计量单位为千瓦时(kW·h)。l 千瓦时即 1 度电,它与焦的换算关系为 1 kW·h $= 3.6 \times 10^6$ J。

(3)功率平衡

式(1.5.3)各项乘以电流 I,则得功率平衡式

$$P = P_E - \Delta P \tag{1.5.8}$$

式中:$P_E = EI$,是电源产生的功率;$\Delta P = R_0 I^2$,是电源内阻上损耗的功率;$P = UI$,是电源输出的功率。

3. 电源与负载的判别

分析电路,还要判别哪个电路元件是电源(或起电源作用),哪个元件是负载(或起负载作用)。

根据电压和电流的实际方向可确定某一元件是电源还是负载:如果 U 和 I 的实际方向相反,电流从"+"端流出,发出功率,那么这个元件是电源;如果 U 和 I 的实际方向相同,电流从"+"端流入,取用功率,那么这个元件就是负载。

4. 额定值与实际值

在电气设备工作时,电压、电流和功率都有一定的限额,这些限额是用来表示它们的正常

工作条件和工作能力的,称为电气设备的额定值。额定值通常在铭牌上标出,也可从产品目录中找到,使用时必须遵守这些规定。如果实际值超过额定值,会引起电气设备损坏或降低使用寿命;如果低于额定值,一些电气设备也会损坏或降低使用寿命,还有一些电气设备不能发挥正常的功能。通常,当实际值都等于额定值时,电气设备的工作状态称为额定状态。当实际功率或电流大于额定值时称为过载状态,小于额定值时称为欠载状态。

1.5.2　开路状态

当某一部分电路与电源断开,该部分电路中没有电流,亦无能量的输送和转换,这部分电路所处的状态称为开路状态。例如在图 1.5.3 中,当开关 S 断开时,电源则处于开路(空载)状态。开路是外电路的电阻对电源来说等于无穷大,因此电路中电流为零。这时电源的端电压(称为开路电压或空载电压 U_0)等于电源电动势,电源不输出电能。

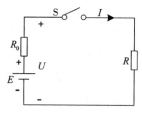

图 1.5.3　开路

电源开路时的特征可用下式表示:

$$\left.\begin{array}{l} I = 0 \\ U = U_0 = E \\ P = 0 \end{array}\right\} \tag{1.5.9}$$

1.5.3　短路状态

当一部分电路的两端用电阻可以忽略不计的导线或开关连接起来,使得该部分电路中的电流全部被导线或开关所旁路,这一部分电路所处的状态称为短路或短接。例如,在图 1.5.4 中,电源则被短路。电源短路时,外电路的电阻可视为零,电流有捷径可通,不再流过负载。因为在电流回路中仅有很小的电源内阻 R_0,所以这时电流很大,此电流称为短路电流 I_s。短路电流可能使电源遭受机械的与热的损伤或毁坏。短路时电源所产生的电能全被内阻所消耗。

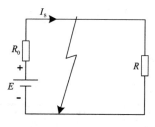

图 1.5.4　电源短路

由于电源短路时外电路的电阻为零,所以电源的端电压也为零。这时电源的电动势全部降在内阻上。

如上所述,电源短路时的特征可用下式表示:

$$\left.\begin{array}{l} U=0 \\ I=I_S=\dfrac{E}{R_0} \\ P_E=\Delta P=R_0 I^2 \\ P=0 \end{array}\right\}$$ (1.5.10)

电源短路时,电流比正常工作电流大得多,时间稍长,便会使供电系统中的设备烧毁和引起火灾。因此,工作中应尽一切可能避免发生短路事故。在电路中必须接入熔断器等短路保护装置,以便在电源短路时能迅速将电源与短路部分断开。

1.6 基尔霍夫定律

除了欧姆定律外,分析与计算电路的基本定律还有基尔霍夫电流定律和电压定律。基尔霍夫电流定律应用于节点,电压定律应用于回路。

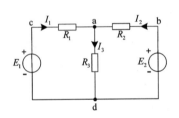

图 1.6.1 电路举例

电路中的每一分支称为支路,一条支路流过同一个电流,称为支路电流。在图 1.6.1 中共有三条支路。

电路中三条或三条以上的支路相连接的点称为节点。在图 1.6.1 所示电路中共有两个节点:a 和 d。

回路是由一条或多条支路所组成的闭合电路。图 1.6.1 中共有三个回路,即 abdca、adca 和 abda。

网孔是指未被其他支路分割的单孔回路,如图 1.6.1 中的 adca 和 abda。

1.6.1 基尔霍夫电流定律

基尔霍夫电流定律是用来确定连接在同一节点上的各支路电流间关系的。由于电流的连续性,电路中任何一点(包括节点在内)均不能堆积电荷。因此,在任一瞬时,流向某一节点的电流之和应该等于由该节点流出的电流之和。

在图 1.6.1 所示的电路中,对节点 a(图 1.6.2)可以写出

$$I_1+I_2=I_3$$ (1.6.1)

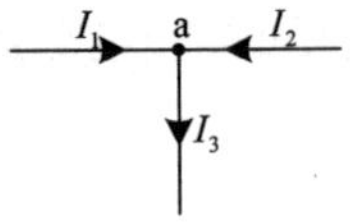

或将上式改写成

$$I_1+I_2-I_3=0$$

即

$$\sum I=0$$ (1.6.2)

图 1.6.2 节点

上式说明,在任一瞬间,一个节点上的电流代数和恒等于零。如果规定参考方向流入节点的电流取正号,则流出节点的就取负号。

根据计算结果,有些支路的电流可能是负值,这是由于选定的电流参考方向与实际方向相反所致。

基尔霍夫电流定律通常应用于节点,也可以把它推广应用于包围部分电路的任一假设的闭合面。例如,图 1.6.3 是一个三角形电路,可以把它看成一个闭合面,它有三个节点。应用电流定律可列出

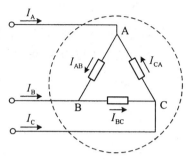

$$I_A = I_{AB} - I_{CA}$$
$$I_B = I_{BC} - I_{AB}$$
$$I_C = I_{CA} - I_{BC}$$

上列三式相加,使得

$$I_A + I_B + I_C = 0$$

或　　　$$\sum I = 0$$

图 1.6.3　基尔霍夫电流定律的推广应用

可见,在任一瞬时,通过任一闭合面电流的代数和也恒等于零。

【例 1.6.1】　在图 1.6.4 中 $I_1 = 2$ A, $I_2 = -3$ A, $I_3 = -2$ A,试求 I_4。

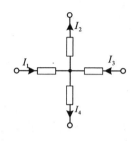

图 1.6.4　例 1.6.1 的电路

【解】　由基尔霍夫电流定律可列出

$$I_1 - I_2 + I_3 - I_4 = 0$$

得 $I_4 = 3$ A。

1.6.2　基尔霍夫电压定律

基尔霍夫电压定律是用来确定回路中各段电压间关系的。如果从回路中任意一点出发,以顺时针方向或逆时针方向沿回路循行一周,则在这个方向上的电位降之和应该等于电位升之和。回到原来的出发点时,该点的电位是不会发生变化的。

今以图 1.6.5 回路(即为图 1.6.1 所示电路的一个回路)为例,图中电源电动势、电流和各段电压的参考方向均已标出。按照虚线所示方向循行一周,根据电压的参考方向可列出

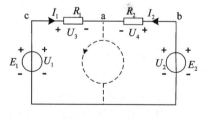

图 1.6.5　回路

$$U_1 + U_4 = U_2 + U_3$$

或将上式改写为

$$U_1 - U_2 - U_3 + U_4 = 0$$

即

$$\sum U = 0 \qquad\qquad (1.6.3)$$

上式说明,在任一瞬时,沿任一回路循行(顺时针方向或逆时针方向)时,回路中各段电压的代数和恒等于零。如果规定电位降取正号,则电位升就取负号。

上式也可改写为

$$E_1 - E_2 - I_1 R_1 + I_2 R_2 = 0$$

或

$$E_1 - E_2 = I_1 R_1 - I_2 R_2$$

即

$$\sum E = \sum IR \tag{1.6.4}$$

基尔霍夫电压定律不仅应用于闭合回路,也可以把它推广应用于回路的部分电路。今以图 1.6.6 中两个电路为例,根据基尔霍夫电压定律列出式子。

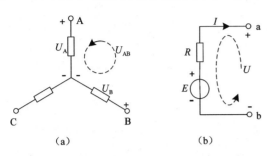

（a）　　　　　　　　（b）

图 1.6.6　基尔霍夫电压定律的推广应用

对图 1.6.6(a)电路(各支路的元件是任意的)可列出

$$\sum U = U_A - U_B - U_{AB} = 0$$

或

$$U_{AB} = U_A - U_B$$

对图 1.6.6(b)电路可列出

$$E - U - RI = 0$$

或

$$U = E - RI$$

这也就是一段有源(有电源)电路的欧姆定律的表示式。

应该指出,图 1.6.1 所举的是直流电阻电路,但是基尔霍夫两个定律具有普遍性,它们适用于由各种不同元件构成的电路,也适用于任何瞬时变化的电流和电压。

列方程时,不论是应用基尔霍夫定律或欧姆定律,首先都要在电路图上标出电流、电压或电动势的参考方向,因为所列方程中各项前的正负号是由它们的参考方向决定的。如果参考方向与实际方向相反,则会相差一个负号。

【例 1.6.2】　有一闭合回路如图 1.6.7 所示,各支路的元件是任意的,但已知:$U_{AB} = 5$ V,$U_{BC} = -4$ V,$U_{DA} = -3$ V。试求 U_{CD} 和 U_{CA}。

【解】　①由基尔霍夫电压定律可列出

$$U_{AB} + U_{BC} + U_{CD} + U_{DA} = 0$$

即

$$5 + (-4) + U_{CD} + (-3) = 0$$

得

$$U_{CD} = 2 \text{ V}$$

②ABCA 不是闭合回路,也可应用基尔霍夫电压定律列出

$$U_{AB} + U_{BC} + U_{CA} = 0$$

即

$$5 + (-4) + U_{CA} = 0$$

得

$$U_{CA} = -1 \text{ V}$$

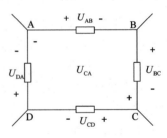

图 1.6.7　例 1.6.2 的电路

1.7　电阻的串并联

在电路中,电阻的连接形式是多种多样的,其中最简单和最常用的是串联与并联。

1.7.1 电阻的串联

如果电路中有两个或更多个电阻一个接一个地顺序相连，并且在这些电阻中通过同一电流，这样的连接法就称为电阻的串联。图 1.7.1(a)是两个电阻的串联电路。

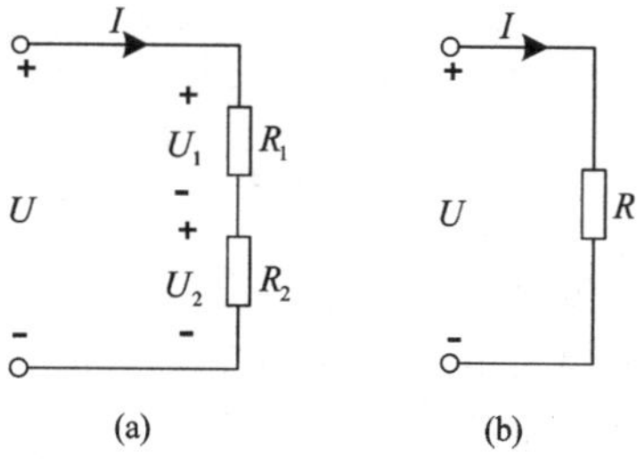

两个串联电阻可用一个等效电阻 R 代替(图 1.7.1(b))，等效的条件是在同一电压 U 的作用下电流 I 保持不变。等效电阻等于各个串联电阻之和，即

$$R = R_1 + R_2 \qquad (1.7.1)$$

两个串联电阻上的电压分别为

图 1.7.1 电阻的串联

(a)串联电路；(b)等效电路

$$\left. \begin{array}{l} U_1 = IR_1 = \dfrac{R_1}{R_1 + R_2} U \\[2mm] U_2 = IR_2 = \dfrac{R_2}{R_1 + R_2} U \end{array} \right\} \qquad (1.7.2)$$

可见，串联电阻上电压与电阻成正比，式(1.7.2)称为分压公式。当其中某个电阻较其他电阻小很多时，在它两端的电压也较其他电阻上的电压低很多，因此，这个电阻的分压作用常可忽略不计。

电阻串联的应用很多。譬如，在负载的额定电压低于电源电压的情况下，通常需要与负载串联一个电阻，以降落一部分电压。有时为了限制负载中通过过大的电流，也可以用一个限流电阻与负载串联。如果需要调节电路中的电流，也可以在电路中串联一个变阻器进行调节。另外，改变串联电阻的大小以得到不同的输出电压，这也是常见的。

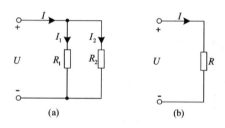

图 1.7.2 电阻的并联

(a)电阻的并联；(b)等效电路

1.7.2 电阻的并联

如果电路中有两个或更多个电阻连接在两个公共的节点之间，则这样的连接法就称为电阻的并联。此时，各个并联支路(电阻)承受同一电压。图 1.7.2(a)是两个电阻并联的电路。

两个并联电阻也可用一个等效电阻来代替(图 1.7.2(b))。等效电阻的倒数等于各个并联电阻的倒数之和，即

$$\frac{1}{R} = \frac{1}{R_1} + \frac{1}{R_2}$$

或

$$R = \frac{R_1 R_2}{R_1 + R_2} \qquad (1.7.3)$$

两个并联电阻上的电流分别为

$$I_1 = \frac{U}{R_1} = \frac{RI}{R_1} = \frac{R_2}{R_1 + R_2}I$$
$$I_2 = \frac{U}{R_2} = \frac{RI}{R_2} = \frac{R_1}{R_1 + R_2}I$$
$$\left.\right\} \qquad (1.7.4)$$

可见,并联电阻上的电流与电阻成反比,式(1.7.4)称为分流公式。当其中某个电阻较其他电阻大很多时,通过它的电流就较其他电阻上的电流小很多,因此,这个电阻的分流作用常可忽略不计。

一般负载都是并联运行的。负载并联运行时,它们处于同一电压之下,任何一个负载的工作情况基本上不受其他负载的影响。

并联的负载电阻愈多(负载增加),则总电阻愈小,电路中总电流和总功率也就愈大。但是每个负载的电流和功率却没有变动(严格地讲,基本上不变)。

有时为了某种需要,可将电路中的某一段与电阻或变阻器并联,以起分流或调节电流的作用。

1.8　电压源与电流源的等效变换

电源有两种类型,分别为电压源和电流源,那么一个实际电源可否同时用这两种电源表示呢? 下面来讨论它们的等效变换关系。

1.8.1　电压源

任何一个电源,都可以用一个理想电压源 U_S 和内阻 R_0 串联的电路模型表示。这样的电路模型如图 1.8.1 所示,称为电压源。

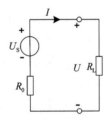

图 1.8.1　电压源电路

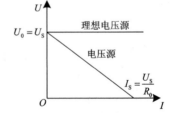

图 1.8.2　电压源与理想电压源的外特性

由图 1.8.1 得出:

$$U = U_S - IR_0 \qquad (1.8.1)$$

由式(1.8.1)可作出电压源的外特性曲线,如图 1.8.2 所示。当电压源开路时,$I = 0$,$U = U_0 = U_S$;当短路时,$U = 0$,$I = I_S = \dfrac{U_S}{R_0}$。内阻 R_0 愈小,直线愈平。

当 $R_0 = 0$ 时,电压 U 恒等于电源电压 U_S,是一定值,而其中的电流 I 则是任意的,由其负载和 U 确定。此时,电压源为理想电压源或恒压源。

1.8.2　电流源

电源除用电压源表示之外,还可以用理想电流源和内阻并联的电路模型表示。这样的电路模型如图 1.8.3 所示,称为电流源。

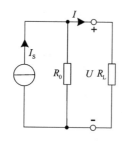

图 1.8.3　实际电流源

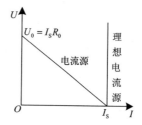

图 1.8.4　电流源与理想
电流源外特性

由图 1.8.3 得出

$$I = I_S - \frac{U}{R_0}$$

或

$$U = I_S R_0 - I R_0 \tag{1.8.2}$$

由式(1.8.2)可作出电流源的外特性曲线,如图 1.8.4 所示。当电流源开路时,$I = 0$,$U = U_0 = R_0 I_S$;当短路时,$U = 0$,$I = I_S$。内阻 R_0 愈大,直线愈陡。

当 $R_0 \to \infty$(相当于并联支路 R_0 断开)时,电流 I 恒等于 I_S,是一定值,而其两端的电压 U 则是任意的,由负载和电流 I_S 本身确定。此时,电流源为理想电流源或恒流源。

1.8.3　电压源与电流源的等效变换

当满足

$$I_S = \frac{U_S}{R_0}(\text{或 } U_S = I_S R_0) \tag{1.8.3}$$

时,电压源的外特性(图 1.8.2)与电流源的外特性曲线(图 1.8.4)是相同的。因此,电源的两种电源模型相互间是等效的,可以等效变换。式(1.8.3)是电压源与电流源的等效条件。

等效是针对两个电源对外电路来说的,是它们接入相同的负载电阻,则两电源的输出电压和输出电流各自相等,输出端的伏安特性相同。这时两个电源的输出功率也一定相等。至于对电源内部,则是不等效的。

上述变换应保持电压源的极性和电流源的方向在变换前后对外电路等效,即电流源 I_S 的方向与电压源电动势的方向相一致。图中的 R_0 也不限于电源的内电阻,可以包括其他与电源相连最后能简化为一个等效电阻 R_0 的全部电阻。在分析电路时,常应用这种电源变换的方法简化计算。

但是,理想电压源和理想电流源本身之间没有等效关系。因为这二者的外特性完全不相同。在电流为任意值时恒压源的端电压恒为定值,恒流源却不具有这个特性;恒流源输出电流恒为定值,顶端电压由外电路和 I_S 决定,恒压源却没有这个特性。

【例 1.8.1】 试用电压源与电流源等效变换的方法计算图 1.8.5(a)中 6 Ω 电阻上的电流 I_3。

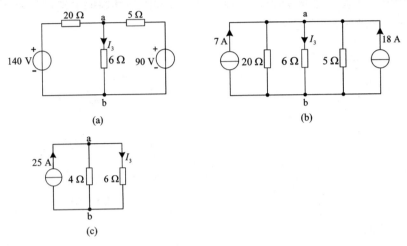

图 1.8.5　例 1.8.1 的电路图

(a)原电路;(b)电压源转换为电流源后的电路;(c)简化后的电路

【解】 根据图 1.8.5 的变换次序,最后化简为图 1.8.5(c)的电路,由此可得

$$I_3 = \frac{4}{4+6} \times 25 \text{ A} = 10 \text{ A}$$

变换时应注意电流源电流的方向和电压源电压的极性。

【例 1.8.2】 有一直流发电机,$U_S = 230$ V,$R_0 = 1$ Ω。当负载电阻 $R_L = 22$ Ω 时,用电源的两种电路模型分别求电压 U 和电流 I,并计算电源内阻的损耗功率和内阻压降,看是否也相等?

【解】 图 1.8.6 是直流发电机的电压源电路和电流源电路。

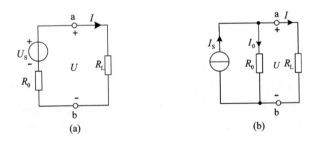

图 1.8.6　例 1.8.2 的电路

(a)直流发电机的电压源模型;(b)直流发电机的电流源模型

①计算电压 U 和电流 I

在图 1.8.6(a)中

$$I = \frac{U_s}{R_L + R_0} = \frac{230}{22+1} \text{ A} = 10 \text{ A}$$

$$U = R_L I = 22 \times 10 \text{ V} = 220 \text{ V}$$

在图 1.8.6(b)中

$$I = \frac{R_0 I_S}{R_L + R_0} = \frac{1}{22 + 1} \times \frac{230}{1} \text{A} = 10 \text{ A}$$

$$U = R_L I = 22 \times 10 \text{ V} = 220 \text{ V}$$

②计算内阻压降和电源内部损耗的功率

在图 1.8.6(a)中

$$R_0 I = 1 \times 10 \text{ V} = 10 \text{ V}$$

$$\Delta P_0 = R_0 I^2 = 1 \times 10^2 \text{ W} = 100 \text{ W}$$

在图 1.8.6(b)中

$$\frac{U}{R_0} R_0 = 220 \text{ V}$$

$$\Delta P_0 = \frac{U^2}{R_0} = \frac{220^2}{1} \text{W} = 48\ 400 \text{ W} = 48.4 \text{ kW}$$

因此,对外电路讲,电压源和电流源模型相互是等效的,但对电源内部讲,是不等效的。

【例 1.8.3】　电路如图 1.8.7(a)所示,$U_1 = 10$ V,$I_S = 2$ A,$R_1 = 1$ Ω,$R_2 = 2$ Ω,$R_3 = 5$ Ω,$R = 1$ Ω。①求电阻 R 中的电流 I;②计算理想电压源 U_1 中的电流 I_{U_1} 和理想电流源 I_S 两端的电压 U_{I_S};③分析功率平衡。

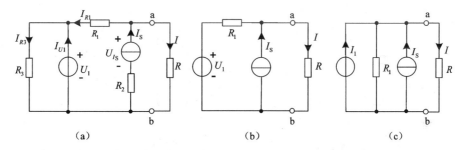

图 1.8.7　例 1.8.3 的图
(a)原电路;(b)R_3 断开,R_2 短接后的电路;(c)电压源转换为电流源的等效电路

【解】　①将与理想电压源 U_1 并联的电阻 R_3 除去(断开)并不影响该并联电路两端的电压 U_1;也可将与理想电流源串联的电阻 R_2 除去(短接),并不影响该支路的电流 I_S。这样化简后得出图 1.8.7(b)的电路。而后将电压源(U_1,R_1)等效变换为电流源(I_1、R_1),得出图 1.8.7(c)电路。由此可得

$$I_1 = \frac{U_1}{R_1} = \frac{10}{1} \text{A} = 10 \text{ A}$$

$$I = \frac{I_1 + I_S}{2} = \frac{10 + 2}{2} \text{A} = 6 \text{ A}$$

②应注意,求理想电压源 U_1 和电阻 R_3 中的电流和理想电流源 I_S 两端的电压及电源的功率时,相应的电阻 R_1 和 R_2 应保留。在图 1.8.7(a)中

$$I_{R_1} = I_S - I = (2 - 6) \text{A} = -4 \text{ A}$$

$$I_{R_3} = \frac{U_1}{R_3} = \frac{10}{5} \text{A} = 2 \text{ A}$$

于是,理想电压源 U_1 中的电流

$$I_{U_1} = I_{R_3} - I_{R_1} = \left[2 - (-4) \right]\,A = 6\,A$$

理想电流源 I_S 两端的电压

$$U_{I_S} = U + R_2 I_S = RI + R_2 I_S = (1 \times 6 + 2 \times 2)\,V = 10\,V$$

③本例中,理想电压源和理想电流源都是电源,它们发出的功率分别为

$$P_{U_1} = U_1 I_{U_1} = 10 \times 6\,W = 60\,W$$

$$P_{I_S} = U_{I_S} I_S = 10 \times 2\,W = 20\,W$$

各个电阻所消耗的功率或取用的功率分别为

$$P_R = RI^2 = 1 \times 6^2\,W = 36\,W$$

$$P_{R_1} = R_1 I_{R_1}^2 = 1 \times (-4)^2\,W = 16\,W$$

$$P_{R_2} = R_2 I_S^2 = 2 \times 2^2\,W = 8\,W$$

$$P_{R_3} = R_3 I_{R_3}^2 = 5 \times 2^2\,W = 20\,W$$

两者平衡

$$60\,W + 20\,W = 36\,W + 16\,W + 8\,W + 20\,W$$

$$80\,W = 80\,W$$

【例 1.8.4】　试用电压源与电流源等效变换的方法计算图 1.8.8(a)中 1 Ω 电阻上的电流 I。

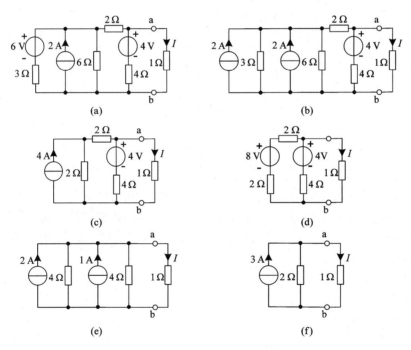

图 1.8.8　例 1.8.4 的电路

(a)原电路;(b)6 V 电压源与 3 Ω 电阻串联支路等效变换为电流源电路;(c)电流源合并后的等效电路;(d)电流源转换为电压源等效电路;(e)电压源转换为电流源等效电路;(f)化简后的电路

【解】　根据图 1.8.8 的变换次序,最后化简为图 1.8.8(f)电路,由此可得

$$I = \frac{2}{2+1} \times 3\,A = 2\,A$$

变换时应注意电流源电流的方向和电压源电压的极性。

1.9　支路电流法

凡不能用电阻串并联等效变换化简的电路,称为复杂电路。在计算复杂电路的各种方法中,支路电流法是最基本的。它是应用基尔霍夫电流定律和电压定律分别对节点和回路列出所需要的方程组,而后解出各未知支路电流。

列方程时,必须先在电路图上选定未知支路电流以及电压或电动势的参考方向。

今以图1.9.1两个电源并联的电路为例说明支路电流法的应用。在本电路支路数 $b = 3$,节点数 $n = 2$,共要列出3个独立方程。电动势和电流的参考方向如图中所示。

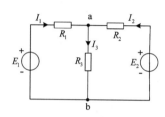

首先,应用基尔霍夫电流定律对节点 a 列出

$$I_1 + I_2 - I_3 = 0 \qquad (1.9.1)$$

对节点 b 列出

$$I_3 - I_1 - I_2 = 0 \qquad (1.9.2)$$

图 1.9.1　两电源并联的电路

式(1.9.2)即为式(1.9.1),它是非独立方程。因此,对具有两个节点的电路,应用电流定律只能列出 $2 - 1 = 1$ 个独立方程。

对具有 n 个节点的电路应用基尔霍夫电流定律只能得到 $n - 1$ 个独立方程。

其次,应用基尔霍夫电压定律列出其余 $b - (n - 1)$ 个方程,通常可取单孔回路(或称网孔)列出。在图1.6.1中有两个单孔回路。对左面的单孔回路可列出

$$E_1 = I_1 R_1 + I_3 R_3 \qquad (1.9.3)$$

对右面的单孔回路可列出

$$E_2 = I_2 R_2 + I_3 R_3 \qquad (1.9.4)$$

单孔回路的数目恰好等于 $b - (n - 1)$。

应用基尔霍夫电流定律和电压定律一共可列出 $(n - 1) + [b - (n - 1)] = b$ 个独立方程,所以能解出 b 个支路电流。

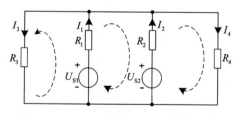

图 1.9.2　例 1.9.1 的电路

【例1.9.1】　在图1.9.2电路中,已知 $U_{S1} = 12\ \text{V}$,$U_{S2} = 12\ \text{V}$,$R_1 = 1\ \Omega$,$R_2 = 2\ \Omega$,$R_3 = 2\ \Omega$,$R_4 = 4\ \Omega$,求各支路电流。

【解】　选择各支路电流的参考方向和回路方向如图所示。列出节点和回路方程式如下:

上节点:$I_1 + I_2 - I_3 - I_4 = 0$

左网孔:$R_1 I_1 + R_3 I_3 - U_{S1} = 0$

中网孔:$R_1 I_1 - R_2 I_2 - U_{S1} + U_{S2} = 0$

右网孔:$R_2 I_2 + R_4 I_4 - U_{S2} = 0$

代入数据

$$I_1 + I_2 - I_3 - I_4 = 0$$

$$I_1 + 2I_3 - 12 = 0$$

$$I_1 - 2I_2 - 12 + 12 = 0$$

$$2I_2 + 4I_4 - 12 = 0$$

最后解得 $I_1 = 4\,\text{A}, I_2 = 2\,\text{A}, I_3 = 4\,\text{A}, I_4 = 2\,\text{A}$

1.10　节点电压法

图 1.10.1 所示电路有一特点,就是只有两个节点 a 和 b。节点间的电压 U 称为节点电压,在图中,其参考方向由 a 指向 b。

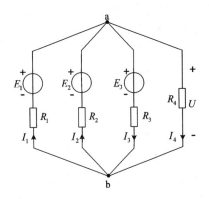

图 1.10.1　具有两个节点的复杂电路

各支路的电流可应用基尔霍夫电压定律或欧姆定律得出

$$\left.\begin{array}{ll} U = E_1 - R_1 I_1, & I_1 = \dfrac{E_1 - U}{R_1} \\[2mm] U = E_2 - R_2 I_2, & I_2 = \dfrac{E_2 - U}{R_2} \\[2mm] U = E_3 + R_3 I_3, & I_3 = \dfrac{-E_3 + U}{R_3} \\[2mm] U = R_4 I_4, & I_4 = \dfrac{U}{R_4} \end{array}\right\} \qquad (1.10.1)$$

由式(1.10.1)可见,在已知电动势和电阻的情况下,只要先求出节点电压 U,就可计算各支路电流了。

计算节点电压的公式可应用基尔霍夫电流定律得出。在图 1.10.1 中,有

$$I_1 + I_2 - I_3 - I_4 = 0$$

将式(1.10.1)代入上式,则得

$$\frac{E_1 - U}{R_1} + \frac{E_2 - U}{R_2} - \frac{-E_3 + U}{R_3} - \frac{U}{R_4} = 0$$

经整理后得出节点电压的公式

$$U = \frac{\dfrac{E_1}{R_1} + \dfrac{E_2}{R_2} + \dfrac{E_3}{R_3}}{\dfrac{1}{R_1} + \dfrac{1}{R_2} + \dfrac{1}{R_3} + \dfrac{1}{R_4}} = \frac{\sum \dfrac{E}{R}}{\sum \dfrac{1}{R}} \qquad (1.10.2)$$

在上式中,分母的各项总为正;分子的各项可以为正,也可以为负。当电动势和节点电压的参考方向相反时取正号,相同时则取负号,而与各支路电流的参考方向无关。

由式(1.10.2)求出节点电压后,即可根据式(1.10.1)计算各支路电流。这种计算方法就称为节点电压法。节点电压法适用于节点个数少、支路数较多的电路。

1.11　叠加原理

叠加原理是分析线性电路的最基本方法之一。用文字来表达就是:在含有多个电源的线性电路中,任一支路的电流和电压等于电路中各个电源分别单独作用时在该支路中产生的电流和电压的代数和。

例如在图 1.11.1(a)电路中,设 U_S、I_S、R_1 和 R_2 已知,求电流 I_1 和 I_2。由于只有两个未知电流,利用支路电流法求解时可以只列出两个方程式

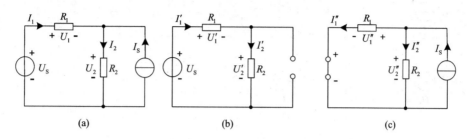

图 1.11.1　叠加原理

(a)完整电路;(b)电压源单独作用的电路;(c)电流源单独作用的电路

上节点:$I_1 - I_2 + I_S = 0$

左网孔:$R_1 I_1 + R_2 I_2 = U_S$

由此解得

$$I_1 = \frac{U_S}{R_1 + R_2} - \frac{R_2 I_S}{R_1 + R_2} = I_1' - I_1''$$

$$I_2 = \frac{U_S}{R_1 + R_2} + \frac{R_1 I_S}{R_1 + R_2} = I_2' + I_2''$$

其中 I_1' 和 I_2' 是在电压源单独作用时[将电流源开路(图 1.11.1(b)]产生的电流;I_1'' 和 I_2'' 是在电流源单独作用时[将电压源短路(图 1.11.1(c)]产生的电流。同样,电压也有

$$U_1 = R_1 I_1 = R_1(I_1' - I_1'') = U_1' - U_1''$$

$$U_2 = R_2 I_2 = R_2(I_2' + I_2'') = U_2' + U_2''$$

这样,利用叠加原理便可以将一个多电源的电路简化成若干个单电源的电路。应用叠加原理时,要注意以下几点:

①在考虑某一电源单独作用时,应令其他电源中的 $U_S = 0$,$I_S = 0$,即应将其他电压源短路,将其他电流源开路。

②最后叠加时,要注意各个电源单独作用时的电流和电压分量的参考方向是否与总电流和电压的参考方向一致,一致时前面取正号,不一致时前面取负号。例如,在图 1.11.1 中,I_1' 与 I_1 方向相同,I_1'' 与 I_1 方向相反,故 $I_1 = I_1' - I_1''$;I_2' 与 I_2'' 都与 I_2 方向相同,故 $I_1 = I_2' + I_2''$。

③叠加原理只适用于线性电路。

④叠加原理只能用来分析和计算电流和电压,不能用来计算功率。因为电功率与电流、电压的关系不是线性关系,而是平方关系。例如

$$P_1 = R_1 I_1^2 = R_1(I' - I'')^2 \neq R_1 I_1'^2 - R_1 I_1''^2$$

$$P_2 = R_2 I_2^2 = R_1(I_2' + I_2'')^2 \neq R_2 I_2'^2 + R_2 I_2''^2$$

【例 1.11.1】　在图 1.11.2(a)所示电路中,已知 $U_S = 10\ V$,$I_S = 2\ A$,$R_1 = 4\ \Omega$,$R_2 = 1\ \Omega$,$R_3 = 5\ \Omega$,$R_4 = 3\ \Omega$,试用叠加原理求通过电压源的电流 I_5 和电流源两端的电压 U_6。

【解】　理想电压源单独作用时,电路如图 1.11.2(b)所示,求得

$$I_5' = I_2' + I_4' = \frac{U_S}{R_1 + R_2} + \frac{U_S}{R_3 + R_4} = \left(\frac{10}{4+1} + \frac{10}{5+3} \right)\ A = 3.25\ A$$

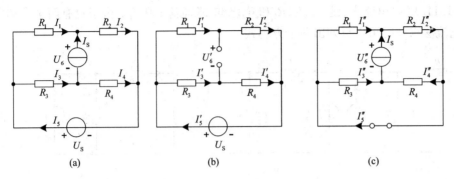

图 1.11.2　例 1.11.1 的电路

(a)完整电路;(b)电压源单独作用时的电路;(c)电流源单独作用时的电路

$$U_6' = R_2 I_2' - R_4 I_4' = \left(1 \times \frac{10}{4+1} - 3 \times \frac{10}{5+3}\right) \text{V} = -1.75 \text{ V}$$

理想电流源单独作用时,电路如图 1.11.2(c)所示,求得

$$I_5'' = I_2'' - I_4'' = \frac{R_1}{R_1 + R_2} I_S - \frac{R_3}{R_3 + R_4} I_S$$

$$= \left(\frac{4}{4+1} \times 2 - \frac{5}{5+3} \times 2\right) \text{A} = (1.6 - 1.25) \text{ A} = 0.35 \text{ A}$$

$$U_6'' = R_2 I_2'' + R_4 I_4'' = (1 \times 1.6 + 3 \times 1.25) \text{V} = 5.35 \text{ V}$$

最后求得

$$I_5 = I_5' + I_5'' = (3.25 + 0.35) \text{ A} = 3.6 \text{ A}$$

$$U_6 = U_6' + U_6'' = (-1.75 + 5.35) \text{ V} = 3.6 \text{ V}$$

1.12　等效电源定理

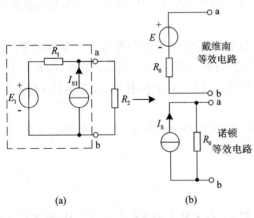

图 1.12.1　有源二端网络的等效电源

(a)原电路;(b)等效电路

等效电源定理是将有源二端网络用一个等效电源代替的定理。例如,图 1.12.1(a)所示电路,若将 R_2 所在支路提出来,剩下虚线方框内的部分就是一个有源二端网络。对 R_2 而言,有源二端网络相当于的电源,在对外部电路等效的条件下,即保持它们的输出电压和电流不变的条件下,可以用一个等效电源来代替它。由于有源二端网络不仅产生电能,本身还消耗电能。其产生电能的作用可用一个总的理想电源元件表示;消耗电能的作用可用一个总的电阻元件表示。由于理想电源元件有电压源和电流源两种,因此,如图 1.12.1(b)所示,有源二端网络的等效电源有两种。其中由电压源与电阻串联组成的等效电源称为戴维南等效电源,由电流源与电阻并联组成的等效电源称为诺顿等效电源。它们都

是实际电源的两种电路模型。因而,等效电源定理也分为戴维南定理和诺顿定理。

1.12.1　戴维南定理

戴维南定理的内容是:对外部电路而言,任何一个线性有源二端网络都可以用一个戴维南等效电源代替。戴维南等效电源中的理想电压源电动势 E 等于原有源二端网络的开路电压 U_0,内电阻 R_0 等于原有源二端网络的开路电压 U_0 与短路电流 I_S 之比,也等于将原有源二端网络内部除源(即将所有电压源短路,电流源开路)后,在端口处得到的等效电阻。

现以图 1.12.2(a)有源二端网络为例说明这一定理的内容。代替前后的电路如图 1.12.2 所示。由于代替的条件是对外等效的,因此,在同一工作状态下,它们输出的电压和电流应该相同。

输出端开路时,两者的开路电压 U_0 应该相等。由图 1.12.2(b)可知

$$E = U_0 \tag{1.12.1}$$

即戴维南等效电源中的电压源电动势等于原有源二端网络的开路电压 U_0。

输出端短路时,两者的短路电流应该相等。由图 1.12.2(b)可知

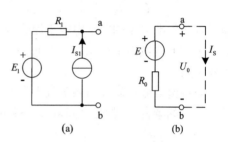

图 1.12.2　戴维南定理
(a)有源二端网络;(b)戴维南等效电源

$$R_0 = \frac{E}{I_S} = \frac{U_0}{I_S} \tag{1.12.2}$$

即戴维南等效电源中的内电阻 R_0 等于原有源二端网络的开路电压 U_0 与短路电流 I_S 之比。

因此

$$R_0 = \frac{U_0}{I_S} = \frac{E_1 + R_1 I_{S1}}{\dfrac{E_1}{R_1} + I_{S1}} = R_1$$

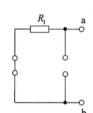

图 1.12.3
等效电阻

R_1 也就是将图 1.12.2(a)所示有源二端网络内部除源后从端口处得到的等效电阻,如图 1.12.3 所示。

1.12.2　诺顿定理

诺顿定理的内容是:对外部电路而言,任何一个线性有源二端网络都可以用一个诺顿等效电源来代替。诺顿等效电源中的电流源电流等于原有源二端网络的短路电流 I_S,内电阻 R_0 等于原有源二端网络的开路电压 U_0 与短路电流 I_S 之比,也等于将原有源二端网络内部除源后,在端口处得到的等效电阻。所以,诺顿等效电源中的内电阻与戴维南等效电源中的内电阻求法相同。

现以图 1.12.4(a)所示有源二端网络为例说明

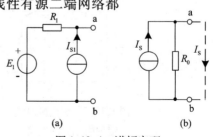

图 1.12.4　诺顿定理
(a)有源二端网络;(b)诺顿等效电路

这一定理的内容。代替前后的电路如图 1.12.4 所示。

输出端短路时,两者的短路电流应该相等,由图 1.12.4(b)可知

$$I_S = \frac{E}{R_1} + I_{S1} \qquad (1.12.3)$$

即诺顿等效电源中的电流源电流等于原有源二端网络的短路电流。

输出端开路时,两者的开路电压 U_0 应该相等。由图 1.12.4(b)可知

$$R_0 = \frac{E}{I_S} = \frac{U_0}{I_S} \qquad (1.12.4)$$

即诺顿等效电源中的内电阻等于原有源二端两络的开路电压与短路电流之比,即与戴维南等效电源中的内电阻求法相同。因此,R_0 也等于将原有源二端网络内部除源后,从端口处得到的等效电阻。

戴维南等效电源和诺顿等效电源既然都可以用来等效代替同一个有源二端网络,因而在对外等效的条件下,相互之间可以等效变换。由上述两定理可知,等效变换的公式为

$$I_S = \frac{E}{R_0} \qquad (1.12.5)$$

变换时,内电阻 R_0 不变,电流源电流的方向应由电压源的负极流向正极。

利用等效电源定理可以将一个复杂电路简化成一个简单电路,尤其是只需要计算复杂电路中某一支路的电流或电压时,应用等效电源定理比较方便,而待求支路既可以是无源支路,也可以是有源支路。

【例 1.12.1】 在图 1.12.1(a)所示电路中,已知 $E_1 = 6$ V,$I_{S1} = 3$ A,$R_1 = 1\ \Omega$,$R_2 = 2\ \Omega$。试用等效电源定理求通过 R_2 的电流。

【解】 利用等效电源定理解题的一般步骤如下:

①将待求支路提出,使剩下的电路成为有源二端网络。

②求出有源二端网络的开路电压 U_0 和短路电流 I_S。根据 KVL 求得

$$U_0 = E_1 + R_1 I_{S1} = (6 + 1 \times 3)\ \text{V} = 9\ \text{V}$$

根据 KCL 求得

$$I_S = \frac{E_1}{R_1} + I_{S1} = \left(\frac{6}{1} + 3\right)\ \text{A} = 9\ \text{A}$$

③用戴维南等效电源或诺顿等效电源代替有源二端网络,简化原电路。若用戴维南定理,可将电路简化成图 1.12.5 所示电路;若用诺顿定理,可将电路简化成图 1.12.6 所示电路。

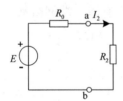

图 1.12.5 利用戴维南
定理简化后的电路

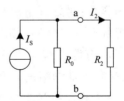

图 1.12.6 利用诺顿
定理简化后的电路

图中 E 和 I_S 的大小为

$$E = U_0 = 9 \text{ V}$$
$$I_\text{S} = 9 \text{ V}$$

内阻的大小为 $R_0 = \dfrac{U_0}{I_\text{S}} = \dfrac{9}{9}\Omega = 1\ \Omega$，或利用除源等效法求得 $R_0 = R_1 = 1\ \Omega$。

④利用简化后的电路求出待求电流：若用戴维南定理，由图 1.12.5 求得

$$I_2 = \frac{E}{R_0 + R_2} = \frac{9}{1+2}\ \text{A} = 3\ \text{A}$$

若用诺顿定理，由图 1.12.6 求得

$$I_2 = \frac{R_0}{R_0 + R_2} I_\text{S} = \frac{1}{1+2} \times 9\ \text{A} = 3\ \text{A}$$

1.13　电位的计算

在分析电子电路时，通常要应用电位这个概念。电路中两点间的电压就是两点的电位差。电压只能说明一点电位高，另一点电位低，以及两点的电位相差多少的问题。至于电路中某点的电位究竟是多少伏，将在本节讨论。

今以图 1.13.1 电路为例讨论该电路中各点的电位。根据图 1.13.1 可得出

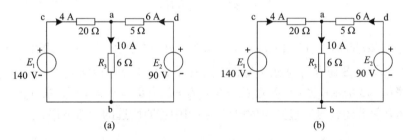

图 1.13.1　举例电路
(a)原电路图；(b)以 b 点为参考电位的电路图

$$U_\text{ab} = V_\text{a} - V_\text{b} = 6 \times 10\ \text{V} = 60\ \text{V}$$

U_ab 是 a、b 两点间的电压值或两点的电位差，即 a 点电位 V_a 比 b 点电位 V_b 高 60 V，但不能算出 V_a 和 V_b 各为多少伏。因此，计算电位时，必须选定电路中某一点作为参考点，它的电位成为参考电位，通常设参考电位为零。而其他各点的电位同它比较，比它高的为正，比它低的为负。正数值愈大则电位愈高，负数值愈大则电位愈低。

参考点在电路图中标上"接地"符号。所谓"接地"，并非真与大地相接。

图 1.13.1(b)中 b 点"接地"，作为参考点，则

$$V_\text{b} = 0, \qquad V_\text{a} = 60\ \text{V}$$

反之，若以 a 点为参考点，则

$$V_\text{a} = 0, \qquad V_\text{b} = -60\ \text{V}$$

【例 1.13.1】　计算图 1.13.2(a)电路中 B 点的电位。

【解】　以 D 为参考点，$I = \dfrac{V_\text{A} - V_\text{C}}{R_1 + R_2} = \dfrac{6 - (-9)}{(100 + 50) \times 10^3}\ \text{A}$

$$= \frac{15}{150 \times 10^3} \text{ A} = 0.1 \times 10^{-3} \text{ A} = 0.1 \text{ mA}$$

$$U_{AB} = V_A - V_B = R_2 I$$

$$V_B = V_A - R_2 I = [6 - (50 \times 10^3) \times (0.1 \times 10^{-3})] \text{ V} = 1 \text{ V}$$

图 1.13.2(a)的电路也可化成图 1.13.2(b)的电路。

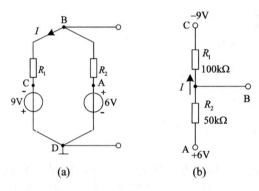

(a)　　　　　　(b)

图 1.13.2　例 1.13.1 的电路

习　　题

1.1　在图 1.01 电路中,已知 $U_S = 6$ V,$I_S = 2$ A,$R_1 = 2$ Ω,$R_2 = 1$ Ω。求开关 S 断开时开关两端的电压 U 和开关 S 闭合时通过开关的电流 I(不必用支路电流法)。

1.2　在图 1.02 所示电路中,已知 $U_S = 6$ V,$I_S = 2$ A,$R_1 = R_2 = 4$ Ω。求开关 S 断开时开关两端的电压和开关 S 闭合时通过开关的电流(在图中注明所选的参考方向)

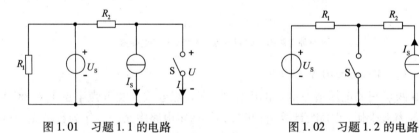

图 1.01　习题 1.1 的电路　　　　　　图 1.02　习题 1.2 的电路

1.3　求图 1.03 电路中通过恒压源的电流 I_1、I_2 及其功率,并说明是起电源作用还是起负载作用。

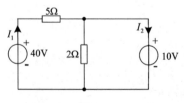
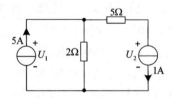

图 1.03　习题 1.3 的电路　　　　　　图 1.04　习题 1.4 的电路

1.4 求图 1.04 所示电路中恒流源两端的电压 U_1、U_2 及其功率,并说明是起电源作用还是起负载作用。

1.5 在图 1.05 所示电路中,$R_1 = R_2 = R_3 = R_4 = 300\ \Omega$,$R_5 = 600\ \Omega$,试求开关 S 断开和闭合时 a 和 b 之间的等效电阻。

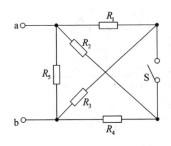

图 1.05 习题 1.5 的电路

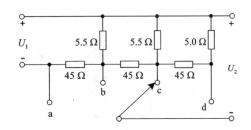

图 1.06 习题 1.6 的电路

1.6 图 1.06 所示是一衰减电路,共有四挡。当输入电压 $U_1 = 16\ V$ 时,试计算各挡输出电压 U_2。

1.7 图 1.07 所示的是由电位器组成的分压电路,电位器的电阻 $R_P = 270\ \Omega$,两边的串联电阻 $R_1 = 350\ \Omega$,$R_2 = 550\ \Omega$。设输入电压 $U_1 = 12\ V$,试求输出电压 U_2 的变化范围。

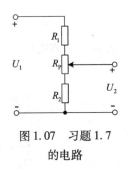

图 1.07 习题 1.7
的电路

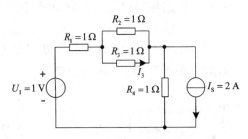

图 1.08 习题 1.8 的电路

1.8 利用电源的等效变换方法计算图 1.08 所示电路中的 I_3。

1.9 试用电压源与电流源等效变化的方法计算图 1.09 中 2 Ω 电阻中的电流 I。

1.10 用支路电流法求图 1.10 中各支路的电流,并说明 U_{S1} 和 U_{S2} 是起电源作用还是起负载作用。图中 $U_{S1} = 12\ V$,$U_{S2} = 15\ V$,$R_1 = 3\ \Omega$,$R_2 = 1.5\ \Omega$,$R_3 = 9\ \Omega$。

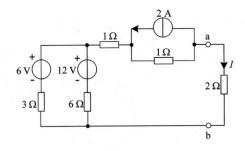

图 1.09 习题 1.9 的电路

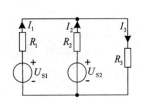

图 1.10 习题 1.10 的电路

1.11 用支路电流法求图 1.11 电路中各支路的电流。

1.12　用节点电压法求图 1.10 电路各支路的电流。

1.13　用节点电压法求图 1.11 电路各支路的电流。

1.14　　用叠加定理求图 1.11 电路中的电流 I_1 和 I_2。

1.15　　用叠加定理求图 1.12 中的电流 I。

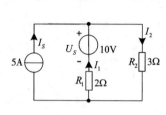

图 1.11　习题 1.11 的电路

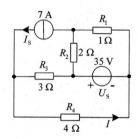

图 1.12　习题 1.15
的电路

1.16　　用戴维南定理求图 1.10 电路中的电流 I_3。

1.17　　用戴维南定理求图 1.11 电路中的电流 I_2。

1.18　　用诺顿定理求图 1.10 电路中的电流 I_3。

1.19　　用诺顿定理求图 1.11 电路中的电流 I_2。

1.20　　试求图 1.13 电路中 A 点的电位。

1.21　　在图 1.14 中,在开关 S 断开和闭合的两种情况下,试求 A 点的电位。

1.22　　在图 1.15 中,求 A 点电位。

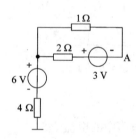

图 1.13　习题 1.20 的图

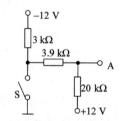

图 1.14　习题 1.21 的图

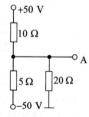

图 1.15
习题 1.22 的图

第 2 章　正弦交流电路

　　正弦交流电简称交流电,是目前供电和用电的主要形式。正弦交流电之所以能得到广泛应用,是因为以下原因:第一,可以利用变压器把正弦电压升高或降低,这种变换电压的方法即灵活又简单经济;第二,在分析电路时常遇到加、减、乘、除、求导及积分问题,而由于同频率的正弦量的加、减、乘、除仍为同频率的正弦量,正弦量对时间的求导或积分也仍为同一频率的正弦量,这在技术上具有重大意义;第三,正弦量变化平滑,在正常情况下不会引起过电压而破坏电气设备的绝缘。

　　正弦交流电的基本概念、基本理论和基本分析方法是电工学的重要内容,也是学习交流电机、电器和电子技术的理论基础。

　　正弦交流电路具有用直流电路的概念无法分析和计算的物理现象。学习本章时,要特别留意“交流”这些概念,学会分析和计算不同参数、不同结构的正弦交流电路的电流、电压和功率。

　　本章首先介绍正弦交流电,然后讨论稳态正弦交流电路及电路谐振问题。

2.1　正弦交流电的基本概念

　　大小和方向随时间作周期性变化并且在一个周期内的平均值为零的电压、电流和电动势统称为交流电。正弦交流电路是指电路中的电动势、电流和电压都是按正弦规律变化的电路。正弦交流电的波形如图 2.1.1(a)所示。正弦交流电是由交流发电机或正弦信号发生器产生的。

　　在正弦交流电路中,电压或电流都可以用时间 t 的正弦函数表示,数学表达式为

$$\left.\begin{array}{l} u = U_m \sin(\omega t + \psi_u) \\ i = I_m \sin(\omega t + \psi_i) \end{array}\right\} \tag{2.1.1}$$

式中:u 和 i 为某一瞬时正弦交流电量的值,称为瞬时值,式 2.1.1 称为瞬时表达式;U_m 和 I_m 表示变化过程中出现的最大瞬时值,称为最大值,或称幅值;ω 为正弦交流电的角频率;ψ_u 和 ψ_i 称为正弦交流电的初相位或初相角。幅值、角频率和初相位确定后,则正弦交流电与时间的函数关系也就确定,所以它们是确定正弦交流电的三要素。

　　以上说明,分析正弦交流电时应从以下三方面进行。

2.1.1　交流电的周期、频率和角频率

　　交流电变化一个循环所需的时间称为周期,用 T 表示,单位是秒(s)。单位时间内,即每秒内完成的周期数称为频率,用 f 表示,单位是赫[兹](Hz)。T 与 f 是互为倒数的关系,即

$$f = \frac{1}{T} \tag{2.1.2}$$

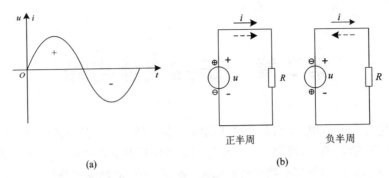

图 2.1.1　正弦交流电压和电流

(a)正弦交流电波形图；(b)参考方向与实际方向

交流电每交变一次便变化了 2π 弧度，即

$$\omega T = 2\pi$$

故角频率与周期、频率的关系为

$$\omega = \frac{2\pi}{T} = 2\pi f \qquad (2.1.3)$$

ω 的单位是 rad/s(弧度每秒)。

我国的工业标准频率简称工频，是 50 Hz。世界上很多国家，如欧洲各国的工业标准频率也是 50 Hz，只有少数国家，如美国、日本为 60 Hz。除工频外，某些领域还需要采用其他频率，如无线电通信的频率为 30 kHz ~ 3 × 10⁴ MHz，有线通信的频率为 300 ~ 5 000 Hz 等。

2.1.2　交流电的瞬时值、最大值和有效值

交流电的瞬时值用小写字母表示，如 i、u 和 e 等，它是随时间在变化的。最大值又称幅值，用带有下标 m 的大写字母来表示，如 I_m、U_m 和 E_m 等。它们虽然能够反映出交流电的大小，但毕竟只是一个特定瞬间的数值，不能用来计量交流电。因此，规定一个用来计量交流电大小的量，称为交流电的有效值。它是这样定义的：如果交流电流通过一个电阻时在一个周期内消耗的电能，与某直流电流通过同一电阻在同样长的时间内消耗的电能相等的话，就把这一直流电流的数值定义为交流电流的有效值。根据这一定义有

$$\int_0^T Ri^2\,\mathrm{d}t = RI^2 T$$

由此求得有效值与瞬时值的关系为

$$I = \sqrt{\frac{1}{T}\int_0^T i^2\,\mathrm{d}t} \qquad (2.1.4)$$

即有效值等于瞬时值的平方在一个周期内的平均值的开方，故有效值又称方均根值。

有效值的定义及它与瞬时值的上述关系不仅仅适用于正弦交流电，也适用于任何其他周期性变化的电流。

对正弦交流电来说

$$\int_0^T i^2\,\mathrm{d}t = \int_0^T I_m^2 \sin^2(\omega t + \psi)\,\mathrm{d}t = I_m^2 \int_0^T \frac{1 - \cos 2(\omega t + \psi)}{2}\,\mathrm{d}t = \frac{I_m^2}{2}T$$

代入式(2.1.4)中,便得到正弦交流电有效值与最大值的关系为

$$I = \frac{I_m}{\sqrt{2}} \tag{2.1.5}$$

同理,正弦交流电压和电动势的有效值与它们的最大值的关系为

$$U = \frac{U_m}{\sqrt{2}} \tag{2.1.6}$$

$$E = \frac{E_m}{\sqrt{2}} \tag{2.1.7}$$

2.1.3   交流电的相位、初相位和相位差

交流电在不同的时刻 t 具有不同的 $(\omega t + \psi)$ 值,交流电也就变化到不同的数值。所以 $(\omega t + \psi)$ 代表了交流电的变化进程,称为相位或相位角。对应于 $t = 0$ 时(即开始计时瞬间)的相位称为初相位 ψ。显然,初相位与所选时间的起点有关。原则上,计时的起点是可以任意选择的。不过,在进行交流电路的分析和计算时,同一个电路中所有的电流、电压和电动势只能有一个共同的计时起点。因而只能任选其中某一个的初相位为零的瞬间作为计时的起点。这个初相位被选为零的正弦量称为参考量,这时其他各量的初相位就不一定等于零了。正弦交流电在不同初相角下的波形图如图 2.1.2 所示。

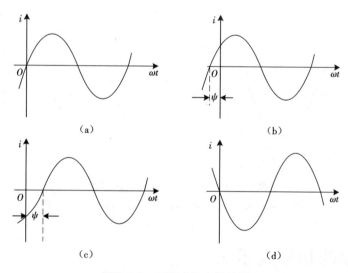

图 2.1.2   正弦交流电的波形

(a)$\psi = 0°$;(b)$0° < \psi < 180°$;(c)$-180° < \psi < 0°$;(d)$\psi = 180°$

任何两个频率相同的正弦量之间的相位关系可以通过它们的相位差说明。例如

$$u = U_m \sin(\omega t + \psi_u)$$

$$i = I_m \sin(\omega t + \psi_i)$$

它们的相位差

$$\varphi = (\omega t + \psi_u) - (\omega t + \psi_i) = \psi_u - \psi_i$$

可见,任何两个同频率的正弦量的相位差也就是初相位之差。初相位不同,即相位不同,

说明它们随时间变化的步调不一致。相位差的取值范围为 $-180° \leqslant \varphi \leqslant 180°$。因此,在画同频率的正弦量时,由于 ω 是一常数,所以正弦交流电波形图中可用 ωt 作为横坐标。例如当 $0° < \varphi < 180°$ 时,波形如图2.1.3(a)所示,u 总要比 i 先经过相应的最大值和零值,这时就称在相位上 u 超前于 i 一个 φ 角或者称 i 是滞后于 u 一个 φ 角。当 $-180° < \varphi < 0°$ 时,波形如图2.1.3 (b)所示,u 与 i 的相位关系正好倒过来;当 $\varphi = 0°$ 时,波形如图2.1.3(c)所示,这时就称 u 与 i 相位相同,或者说 u 与 i 同相;当 $\varphi = 180°$ 时,波形如图2.1.3(d)所示,这时就称 u 与 i 相位相反,或者说 u 与 i 反相。

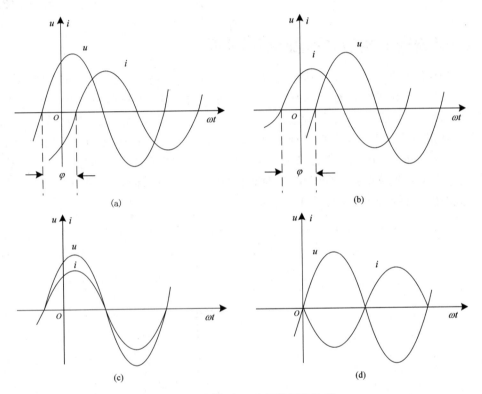

图2.1.3　同频率正弦量的相位关系

(a)$0° < \varphi < 180°$;(b)$-180° < \varphi < 0°$;(c)$\varphi = 0°$;(d)$\varphi = 180°$

2.2　正弦量的相量表示法

如上节所述,一个正弦量具有幅值、频率及初相位三个特征或要素。而这些特征可以用一些方法表示出来。正弦量的各种表示方法是分析与计算正弦交流电路的工具。

正弦交流电可以用三角函数式和波形图表示。由于交流电路分析和计算时,经常需要将几个频率相同的正弦量进行加减等运算。这时采用三角函数运算和作波形图都不方便,因此,正弦交流电常用相量表示。这样可以把三角函数运算简化成复数形式的代数运算。

设复平面中有一个复数 A,其模为 r,辐角为 ψ(图2.2.1),它可用下列三种式子表示:

$$A = a + jb = r\cos\psi + jr\sin\psi = r(\cos\psi + j\sin\psi) \tag{2.2.1}$$

$$A = re^{j\psi} \tag{2.2.2}$$

或简写为

$$A = r \angle \psi \tag{2.2.3}$$

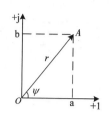

图 2.2.1　复数

式(2.2.1)称为复数的代数式;式(2.2.2)称为指数式;式(2.2.3)则称为极坐标式。三者可以互相转换。复数的加减运算可用代数式,复数的乘除运算可用指数式或极坐标式。

由上可知,一个复数由模和幅角两个特征确定。而正弦量由幅值、初相位和频率三个特征确定。但在分析线性电路时,正弦激励和响应均为同频率的正弦量,频率是已知的。由于不同频率的正弦量不能画在同一相量图中,因此,在同一相量图中相量的频率必定相同。对于同频率的正弦量来说,在同一相量图中只需画出各自的幅值(或有效值)和初相位就可确定。

比照复数和正弦量,正弦量可用复数表示。复数的模即为正弦量的幅值或有效值,复数的辐角即为正弦量的初相位。

为了与一般的复数相区别,把表示正弦量的复数称为相量,并在大写字母上打"·"。于是表示正弦电压 $u = U_m \sin(\omega t + \psi)$ 的相量式为

$$\dot{U} = U(\cos\psi + j\sin\psi) = Ue^{j\psi} = U \angle \psi \tag{2.2.4}$$

注意,相量只是表示正弦量,而不是等于正弦量。

上式中的 j 是复数的虚数单位,即 $j = \sqrt{-1}$,并由此得 $j^2 = -1, \frac{1}{j} = -j$。

按照各正弦量大小和相位关系画出的若干个相量的图形,称为相量图。在相量图上能形象地看出各个正弦量的大小和相互间的相位关系。例如,在图 2.2.2 中用正弦波形表示的电压 u 和电流 i 两个正弦量,在式(2.1.1)中是用三角函数式表示的,如用相量图表示则如图 2.2.3 所示。电压相量 $\dot{U}$ 比电流相量 $\dot{I}$ 超前 φ 角,也就是正弦电压 u 比正弦电流 i 超前 φ 角。

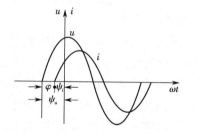

图 2.2.2　正弦交流电流波形图

图 2.2.3　相量图

只有正弦周期量才能用相量表示,相量不能表示非正弦周期量。只有同频率的正弦量才能画在同一相量图上,不同频率的正弦量不能画在一个相量图上,否则就无法比较和计算。

由上可知,表示正弦量的相量有两种形式:相量图和复数式(相量式)。

当 $\psi = \pm 90°$ 时,则有

$$e^{\pm j90°} = \cos 90° \pm j\sin 90° = \pm j$$

因此任意一个相量乘 +j 后,即向前(逆时针方向)旋转了 90°;乘上 -j 后,即向后(顺时针方向)旋转了 90°。

【例 2.2.1】　在图 2.2.4 电路中,设

$$i_1 = I_{1m}\sin(\omega t + \psi_1) = 100\sqrt{2}\sin(\omega t + 45°) \text{ A}$$

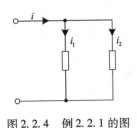

图 2.2.4 例 2.2.1 的图

$$i_2 = I_{2m}\sin(\omega t + \psi_2) = 60\sqrt{2}\sin(\omega t - 30°) \text{ A}$$

求总电流 i，并作出电流的相量图。

【解】 将 $i = i_1 + i_2$ 化为基尔霍夫电流定律的相量表示式，求 i 的相量 $\dot{I}_m$。

$$\dot{I} = \dot{I}_1 + \dot{I}_2 = I_1 e^{j\psi_1} + I_2 e^{j\psi_2}$$
$$= 100 e^{j45°} + 60 e^{-j30°}$$
$$= (100\cos 45° + j100\sin 45°) + (60\cos 30° - j60\sin 30°)$$
$$= [(70.7 + j70.7) + (52 - j30)] \text{ A}$$
$$= (122.7 + j40.7) \text{ A} = 129 e^{j18.35°} \text{ A}$$

得

$$i = 129\sqrt{2}\sin(\omega t + 18.35°) \text{ A}$$

电流相量图如图 2.2.5。

2.3　电阻元件、电感元件与电容元件

电阻元件、电感元件与电容元件都是组成电路模型的理想元件。所谓理想，就是突出元件的主要电磁性质，而忽略次要因素。电阻元件具有消耗电能的性质(电阻性)，其他电磁性质均可忽略不计。同样，对电感元件，突出其中通过电流要产生磁场而储存磁场能量的性质(电感性)；对电容元件，突出其上加了电

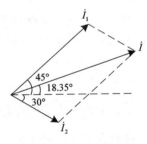

图 2.2.5　电流相量图

压要产生电场而储存电场能量的性质(电容性)。电阻元件是耗能元件，后两者是储能元件。第 1 章所讨论的是电阻电路，只引入了电阻元件。今后所讨论的各种电路中，除电阻元件外，还有电感元件和电容元件。电路元件都由相应的参数来表征。

在直流电路和交流电路中发生的现象显著不同。在直流电路中，当所加电压和电路参数不变时，电路中的电流、功率以及电场和磁场中所储存的能量也都不变化。但是在交流电路中则不然，由于所加电压是随时间而交变的，因此电路中的电流、功率以及电场和磁场中所储存的能量也都是随时间而变化的。所以在交流电路中，电感元件中的感应电动势和电容元件中的电流均不等于零。但是，在直流电路稳定状态下，电感元件可视作短路，电容元件可视作开路。

电路所具有的参数不同，性质就不同，其中能量转换关系也就不同。这种不同反映在电压与电流的关系上。因此，在分析各种具有不同参数的正弦交流电路之前，先来讨论一下不同参数的元件中电压与电流的一般关系以及能量的转换问题。

2.3.1　电阻元件

电阻是表征电路中消耗电能的理想元件。在图 2.3.1 中，u 和 i 的参考方向相同。根据欧姆定律得出

$$u = Ri \tag{2.3.1}$$

电阻元件的参数

$$R = \frac{u}{i}$$

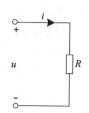

图 2.3.1　电阻元件

称为电阻,它具有对电流起阻碍作用的物理性质。将式(2.3.1)两边乘以 i,并积分之,得

$$\int_0^t u i \mathrm{d}t = \int_0^t R i^2 \mathrm{d}t \tag{2.3.2}$$

上式表明电能全部消耗在电阻元件上,并转换为热能。

金属导体的电阻与导体的尺寸及材料的导电性能有关,即

$$R = \rho \frac{l}{S} \tag{2.3.3}$$

式中:ρ 为电阻率,是一个表征材料对电流起阻碍作用的物理量;l 为导体的长度,m;S 为导体截面,m^2。

在国际单位制中,电阻率的单位为欧[姆]·米($\Omega \cdot m$),也使用 $\frac{欧 \cdot 毫米^2}{米}\left(\frac{\Omega \cdot mm^2}{m}\right)$。$1\frac{\Omega \cdot mm^2}{m} = 10^{-6}\ \Omega \cdot m$。不同材料的电阻率见附录 B。

2.3.2　电感元件

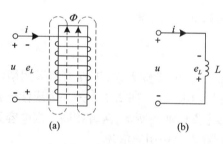

图 2.3.2　电感元件
(a)电感线圈;(b)电路符号

图 2.3.2(a)是一电感元件(线圈),其上电压为 u。当通过电流 i 时,产生磁通 Φ,它通过每匝线圈。如果线圈有 N 匝,则电感元件的参数

$$L = \frac{N\Phi}{i} \tag{2.3.4}$$

L 称为电感或自感。线圈的匝数 N 愈多,电感愈大;线圈中单位电流产生的磁通量愈大,电感也愈大。

电感的单位是亨[利](H)或毫亨(mH)。磁通的单位是韦[伯](Wb)。

当电感元件中磁通 Φ 或电流 i 发生变化时,在电感元件中产生的感应电动势为

$$e_L = -N\frac{\mathrm{d}\Phi}{\mathrm{d}t} = -L\frac{\mathrm{d}i}{\mathrm{d}t} \tag{2.3.5}$$

在图 2.3.2 中,关联参考方向采用下述规定:u 和 i 的参考方向一致,i 与 e_L 的参考方向与磁场线的参考方向符合右手螺旋定则,因此,i 和 e_L 的参考方向也应该一致。

根据基尔霍夫电压定律,得出电感上的电压为

$$u = -e_L = L\frac{\mathrm{d}i}{\mathrm{d}t} \tag{2.3.6}$$

由式(2.3.6)可见,当电流的正值增大时,即 $\frac{\mathrm{d}i}{\mathrm{d}t} > 0$ 时,则 e_L 为负值,即其实际方向与电流的方向相反。这时 e_L 要阻止电流增大。同理,当电流的正值减小时,即 $\frac{\mathrm{d}i}{\mathrm{d}t} < 0$,$e_L$ 为正值,即其实际方向与电流的方向相同,这时 e_L 要阻止电流减小。可见,自感电动势具有阻碍电流变化的

性质,所以外加电压要平衡线圈中的感应电动势。

当线圈中通过不随时间变化的恒定电流时,由式(2.3.6)可知,其上电压 u 为零,故电感元件可视作短路。

将式(2.3.6)两边积分,便可得出电感元件上的电压与电流的积分关系式,即

$$i = \frac{1}{L}\int_{-\infty}^{t} u\mathrm{d}t = \frac{1}{L}\int_{-\infty}^{0} u\mathrm{d}t + \frac{1}{L}\int_{0}^{t} u\mathrm{d}t = i_0 + \frac{1}{L}\int_{0}^{t} u\mathrm{d}t \qquad (2.3.7)$$

式中:i_0 是初始值,即在 $t=0$ 时电感元件中通过的电流。若 $i_0=0$,则

$$i = \frac{1}{L}\int_{0}^{t} u\mathrm{d}t \qquad (2.3.8)$$

最后讨论电感元件中的能量转换问题。如将(2.3.6)两边乘上 i,并积分之,则得

$$\int_{0}^{t} ui\mathrm{d}t = \int_{0}^{i} Li\mathrm{d}i = \frac{1}{2}Li^2 \qquad (2.3.9)$$

这说明当电感元件中的电流增大时,磁场能量增大。在此过程中电能转换为磁能,即电感元件从电源取用能量。上式中的 $\frac{1}{2}Li^2$ 就是磁场能量。当电流减小时,磁场能量减小,磁能转换为电能,即电感元件向电源放还能量。

2.3.3　电容元件

图 2.3.3
电容元件

图 2.3.3 是一个线性电容元件,电容元件的参数

$$C = \frac{q}{u} \qquad (2.3.10)$$

称为电容,单位是法[拉](F)。由于法[拉]的单位太大,工程上多采用微法(μF)或皮法(pF)。1 μF $= 10^{-6}$ F,1 pF $= 10^{-12}$ F。图 2.3.3 是一个线性电容元件的交流电路,电流 i 和电压 u 的参考方向如图所示,两者相同。当电容元件上电荷量 q 或电压 u 发生变化时,则在电路中引起电流

$$i = \frac{\mathrm{d}q}{\mathrm{d}t} = C\frac{\mathrm{d}u}{\mathrm{d}t} \qquad (2.3.11)$$

式(2.3.11)是在关联参考方向下得出的,否则要加一负号。

当电容器两端加恒定电压时,由式(2.3.11)可知 $i=0$,电容元件可视为开路。

将式(2.3.11)两边积分,便可得电容元件上的电压与电流的另一种关系,即

$$u = \frac{1}{C}\int_{-\infty}^{t} i\mathrm{d}t = \frac{1}{C}\int_{-\infty}^{0} i\mathrm{d}t + \frac{1}{C}\int_{0}^{t} i\mathrm{d}t = u_0 + \frac{1}{C}\int_{0}^{t} i\mathrm{d}t \qquad (2.3.12)$$

式中:u_0 是初始值,即在 $t=0$ 时电容元件上的电压。若 $u_0=0$ 或 $q_0=0$,则

$$u = \frac{1}{C}\int_{0}^{t} i\mathrm{d}t \qquad (2.3.13)$$

若将式(2.3.11)两边乘上 u,并积分之,则得

$$\int_{0}^{t} ui\mathrm{d}t = \int_{0}^{u} Cu\mathrm{d}u = \frac{1}{2}Cu^2 \qquad (2.3.14)$$

这说明当电容元件中的电压增高时,电场能量增大。在此过程中电能转换为电场能,即电容元件从电源取用能量(充电)。上式中的 $\frac{1}{2}Cu^2$ 就是电容元件储存的电场能量。当电压降低

时,电场能量减小,电场能转换为电能,即电容元件向电源放还能量(放电)。

现将电阻元件、电感元件和电容元件的特征列于表 2.3.1 中,以资比较。

表 2.3.1　电阻元件、电感元件和电容元件的特征

	电阻元件	电感元件	电容元件
电压与电流的关系	$u = Ri$	$u = L\dfrac{\mathrm{d}i}{\mathrm{d}t}$	$i = C\dfrac{\mathrm{d}u}{\mathrm{d}t}$
参数意义	$R = \dfrac{u}{i}$	$L = \dfrac{N\Phi}{i}$	$C = \dfrac{q}{u}$
能量	$\displaystyle\int_0^t Ri^2\,\mathrm{d}t$	$\dfrac{1}{2}Li^2$	$\dfrac{1}{2}Cu^2$

2.4　单一参数交流电路

分析各种正弦交流电路,不外乎要确定电路中电压与电流之间的关系(大小和相位),并讨论电路中能量的转换和功率问题。

分析各种交流电路时,必须首先掌握单一参数(电阻、电感、电容)元件电路中电压与电流之间的关系,因为其他电路无非是单一参数元件的组合而已。

2.4.1　电阻元件的交流电路

图 2.4.1(a)是一线性电阻元件构成的电路。电压和电流的参考方向如图所示。两者的关系由欧姆定律可知

$$u = Ri$$

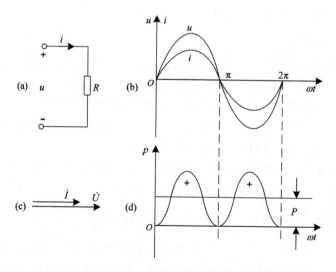

图 2.4.1　电阻元件的交流电路

(a)电路图;(b)电压和电流的正弦波形;(c)电压和电流的相量图;(d)功率波形

为了分析方便起见,选择电流经过零值并将向正值增加的瞬间作为计时起点($t = 0$),即设

$$i = I_\mathrm{m}\sin\omega t$$

为参考相量,则

$$u = Ri = RI_\mathrm{m}\sin\omega t = U_\mathrm{m}\sin\omega t \qquad (2.4.1)$$

也是一个同频率的正弦量。

比较上列两式即可看出,在电阻元件的交流电路中,电流和电压是同相的(相位差为零)。表示电压和电流的正弦波形如图 2.4.1(b)所示。

在式(2.4.1)中有

$$U_\mathrm{m} = RI_\mathrm{m}$$

或

$$\frac{U_\mathrm{m}}{I_\mathrm{m}} = \frac{U}{I} = R \qquad (2.4.2)$$

由此可知,在电阻元件电路中,电压的幅值(或有效值)与电流的幅值(或有效值)之比就是电阻 R。

如用相量表示电压与电流的关系,则为

$$\dot{U} = U\mathrm{e}^{\mathrm{j}0^\circ} \qquad \dot{I} = I\mathrm{e}^{\mathrm{j}0^\circ}$$

$$\frac{\dot{U}}{\dot{I}} = \frac{U}{I}\mathrm{e}^{\mathrm{j}0^\circ} = R$$

或

$$\dot{U} = \dot{I}R \qquad (2.4.3)$$

此即欧姆定律的相量表示式。电压和电流的相量图如图 2.4.1(c)所示。

知道了电压与电流的变化规律和相互关系后,便可计算出电路中的功率。在任意瞬间,电压瞬时值 u 与电流瞬时值 i 的乘积,称为瞬时功率,用小写字母 p 代表。即

$$p = p_R = ui = U_\mathrm{m}I_\mathrm{m}\sin^2\omega t = \frac{U_\mathrm{m}I_\mathrm{m}}{2}(1 - \cos 2\omega t)$$

$$= UI(1 - \cos 2\omega t) \qquad (2.4.4)$$

由式(2.4.4)可见,p 是由两部分组成的:第一部分是常数 UI;第二部分是幅值为 UI,并以 2ω 的角频率随时间而变化的交变量。p 随时间而变化的波形如图 2.4.1(d)所示。

由于在电阻元件的交流电路中 u 与 i 同相,它们同时为正,同时为负,所以瞬时功率总是正值,即 $p \geqslant 0$。瞬时功率为正,这表示外电路从电源取用能量。在这里就是电阻元件从电源取用电能而转换为热能。所以电阻元件是一种耗能元件。

一个周期内电路消耗电能的平均速率,即瞬时功率的平均值,称为平均功率,也称有功功率,单位为瓦[特](W)。在电阻元件电路中,平均功率为

$$P = \frac{1}{T}\int_0^T p\,\mathrm{d}t = \frac{1}{T}\int_0^T UI(1 - \cos 2\omega t)\,\mathrm{d}t = UI = RI^2 = \frac{U^2}{R} \qquad (2.4.5)$$

【例 2.4.1】　把一个 100 Ω 的电阻元件接到频率为 50 Hz、电压有效值为 10 V 的正弦电源上,问电流是多少? 如保持电压值不变,而电源频率改变为 5 000 Hz,这时电流将为多少?

【解】　因为电阻与频率无关,所以电压有效值保持不变时,电流有效值相等,即

$$I = \frac{U}{R} = \frac{10}{100}\,\mathrm{A} = 0.1\,\mathrm{A} = 100\,\mathrm{mA}$$

2.4.2　电感元件的交流电路

图 2.4.2(a)是一线性电感元件构成的电路。电压和电流的参考方向如图所示。两者的关系为

$$u = -e_L = L\frac{\mathrm{d}i}{\mathrm{d}t}$$

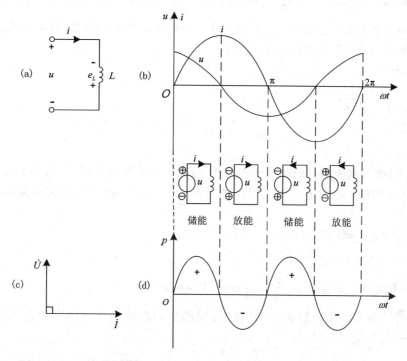

图 2.4.2　电感电阻元件的交流电路
(a)电路图;(b)电压和电流的正弦波形;(c)电压和电流的相量图;(d)功率波形

设电流为参考相量,即

$$i = I_{\mathrm{m}}\sin \omega t$$

则

$$u = L\frac{\mathrm{d}(I_{\mathrm{m}}\sin \omega t)}{\mathrm{d}t} = \omega LI_{\mathrm{m}}\cos \omega t = \omega LI_{\mathrm{m}}\sin(\omega t +90°) = U_{\mathrm{m}}\sin (\omega t +90°) \qquad (2.4.6)$$

也是一个同频率的正弦量。

比较上列两式可知,在电感元件电路中,在相位上电流比电压滞后 90°(相位差 $\varphi = +90°$)。表示电压 u 和电流 i 的正弦波形如图 2.4.2(b)所示。

在式(2.4.6)中

$$U_{\mathrm{m}} = \omega LI_{\mathrm{m}}$$

或

$$\frac{U_{\mathrm{m}}}{I_{\mathrm{m}}} = \omega L \qquad (2.4.7)$$

由此可知,在电感元件电路中,电压的幅值(或有效值)与电流的幅值(或有效值)之比为

ωL。显然,它的单位为欧[姆]。当电压 U 一定时,ωL 愈大,则电流 I 愈小。可见它具有对交流电流起阻碍作用的物理性质,所以称为感抗,用 X_L 代表,即

$$X_L = \omega L = 2\pi f L \qquad (2.4.8)$$

感抗 X_L 与电感 L、频率 f 成正比。因此,电感线圈对高频电流的阻碍作用更大,而对直流则可视作短路,即对直流电来讲,$X_L = 0$(注意,不是 $L = 0$,而是 $f = 0$)。

应该注意,感抗只是电压与电流的幅值或有效值之比,而不是它们的瞬时值之比,即 $\dfrac{u}{i} \neq$ X_L。因为这与上述电阻电路不一样。在这里电压与电流成导数的关系,而不是成正比关系。

如用相量表示电压与电流的关系,则为

$$\dot{U} = Ue^{j90°} \qquad \dot{I} = Ie^{j0°}$$

$$\frac{\dot{U}}{\dot{I}} = \frac{U}{I}e^{j90°} = jX_L$$

或

$$\dot{U} = jX_L\dot{I} = j\omega L\dot{I} \qquad (2.4.9)$$

式(2.4.9)表示电压的有效值等于电流的有效值与感抗的乘积,在相位上电压比电流超前 $90°$。因电流相量 $\dot{I}$ 乘上 j 后,即向前(逆时针方向)旋转 $90°$。电压和电流的相量图如图 2.4.2(c)所示。

电感元件交流电路的瞬时功率为

$$p = p_L = ui = U_m I_m \sin \omega t \sin(\omega t + 90°)$$

$$= U_m I_m \sin \omega t \cos \omega t = \frac{U_m I_m}{2} \sin 2\omega t = UI \sin 2\omega t \qquad (2.4.10)$$

由上式可见,p 是一个幅值为 UI 并以 2ω 的角频率随时间变化的交变量,变化波形如图 2.4.2(d)所示。

在第一个和第三个 $\frac{1}{4}$ 周期内,p 是正的(u 和 i 正负相同);在第二个和第四个 $\frac{1}{4}$ 周期内,p 是负的(u 和 i 一正一负)。瞬时功率的正负可以这样来理解:当瞬时功率为正值时,电感元件处于受电状态,它从电源取用电能;当瞬时功率为负值时,电感元件处于供电状态,它把电能归还电源。所以,电感元件是一种储能元件。它与电源之间交换的能量为

$$W = \frac{1}{2}Li_L^2$$

当电感元件电路瞬间发生变化时,由于能量不会突变,故此时电感的电流不会发生跃变。

在电感元件电路中,平均功率

$$P = \frac{1}{T}\int_0^T p\mathrm{d}t = \frac{1}{T}\int_0^T UI \sin 2\omega t \mathrm{d}t = 0$$

从上述可知,在电感元件的交流电路中没有能量消耗,只有电源与电感元件间的能量交换。这种能量交换的规模用无功功率 Q 衡量。规定无功功率等于瞬时功率 p_L 的幅值,即

$$Q = UI = X_L I^2 \qquad (2.4.11)$$

无功功率的单位是乏(var)或千乏(kvar)。

【例2.4.2】 把一个 0.1 H 的电感元件接到频率为 50 Hz、电压有效值为 10 V 的正弦电源上,问电流是多少?如保持电压值不变,而电源频率改变为 5 000 Hz,这时电流将为多少?

【解】　当 $f = 50$ Hz 时

$$X_L = 2\pi fL = 2 \times 3.14 \times 50 \times 0.1\ \Omega = 31.4\ \Omega$$

$$I = \frac{U}{X_L} = \frac{10}{31.4}\text{A} = 0.318\ \text{A} = 318\ \text{mA}$$

当 $f = 5\ 000$ Hz 时

$$X_L = 2\pi fL = 2 \times 3.14 \times 5\ 000 \times 0.1\ \Omega = 3\ 140\ \Omega$$

$$I = \frac{U}{X_L} = \frac{10}{3\ 140}\text{A} = 0.003\ 18\ \text{A} = 3.18\ \text{mA}$$

可见,在电压有效值一定时,频率愈高,则通过电感元件的电流有效值愈小。

2.4.3　电容元件的交流电路

图 2.4.3(a)是一个线性电容元件的交流电路,电流 i 和电压 u 的参考方向相同。当电容元件上电荷量 q 或电压 u 发生变化时,在电路中引起电流的变化,即

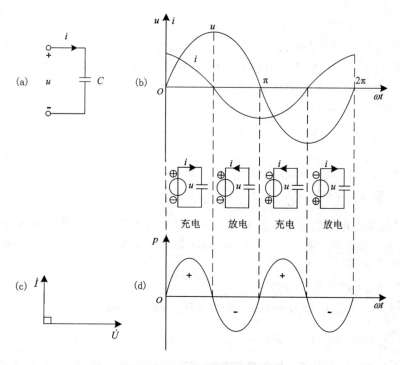

图 2.4.3　电容元件的交流电路

(a)电路图;(b)电压与电流的正弦波形;(c)电压和电流的相量图;(d)功率波形

$$i = \frac{\mathrm{d}q}{\mathrm{d}t} = C\frac{\mathrm{d}u}{\mathrm{d}t} \tag{2.4.12}$$

如果在电容器的两端加一正弦电压

$$u = U_\mathrm{m}\sin \omega t$$

则

$$i = C\frac{\mathrm{d}(U_\mathrm{m}\sin \omega t)}{\mathrm{d}t} = \omega CU_\mathrm{m}\cos \omega t = \omega CU_\mathrm{m}\sin(\omega t + 90°) = I_\mathrm{m}\sin(\omega t + 90°) \tag{2.4.13}$$

也是一个同频率的正弦量。

比较上列两式可知,在电容元件电路中,电流相位比电压超前 $90°$($\varphi = -90°$)。人们规定:当电流比电压滞后时,其相位差为正;当电流比电压超前时,其相位差为负。这样的规定是为了便于说明电路是电感性的还是电容性的。表示电压和电流的正弦波形如图 2.4.3(b)所示。在(2.4.13)式中

$$I_m = \omega C U_m$$

或

$$\frac{U_m}{I_m} = \frac{U}{I} = \frac{1}{\omega C} \tag{2.4.14}$$

由此可知,在电容元件电路中,电压的幅值(或有效值)与电流的幅值(或有效值)的比值为 $\frac{1}{\omega C}$。显然,它的单位是欧[姆]。当电压 U 一定时,$\frac{1}{\omega C}$ 愈大,则电流 I 愈小。可见它具有对电流起阻碍作用的物理性质,所以称为容抗,用 X_C 代表,即

$$X_C = \frac{1}{\omega C} = \frac{1}{2\pi f C} \tag{2.4.15}$$

容抗 X_C 与电容 C、频率 f 成反比。所以电容元件对高频电流所呈现的容抗很小,而对直流($f = 0$)所呈现的容抗 $X_C \to \infty$,可视作开路。因此,电容元件有隔断直流的作用。

如用相量表示电压与电流的关系,则为

$$\dot{U} = U e^{j0°} \qquad \dot{I} = I e^{j90°}$$

$$\frac{\dot{U}}{\dot{I}} = \frac{U}{I} e^{-j90°} = -j X_C$$

或

$$\dot{U} = -j X_C \dot{I} = -j \frac{\dot{I}}{\omega C} = \frac{\dot{I}}{j \omega C} \tag{2.4.16}$$

式(2.4.16)表示电压的有效值等于电流的有效值与容抗的乘积,而在相位上电压比电流滞后 $90°$。因为电流相量 $\dot{I}$ 乘上($-j$)后,即向后(顺时针方向)旋转 $90°$。电压和电流的相量图如图 2.4.3(c)所示。

电容元件交流电路的瞬时功率为

$$p = p_C = ui = U_m I_m \sin \omega t \sin(\omega t + 90°) = U_m I_m \sin \omega t \cos \omega t$$

$$= \frac{U_m I_m}{2} \sin 2\omega t = UI \sin 2\omega t$$

由上式可见,p 是一个以 2ω 的角频率随时间而变化的交变量,幅值为 UI。p 的波形如图 2.4.3(d)所示。

在第一个和第三个 $\frac{1}{4}$ 周期内,电压值上升,是电容元件在充电。这时,电容元件从电源取用电能而储存在它的电场中,所以 p 是正的。在第二个和第四个 $\frac{1}{4}$ 周期内,电压值降低,是电容元件在放电。这时,电容元件放出充电时储存的能量,把它归还给电源,所以 p 是负的。电容是一种储能元件,它与电源之间交换的能量为

$$W = \frac{1}{2} C u_C^2$$

当电容元件电路瞬间发生变化时,由于能量不会突变,故此时电容的电压不会发生跃变。

在电容元件电路中,平均功率

$$P = \frac{1}{T} \int_0^T p\mathrm{d}t = \frac{1}{T} \int_0^T UI\sin 2\omega t\mathrm{d}t = 0$$

这说明电容元件是不消耗能量的,电源与电容元件之间只发生能量交换。能量交换的规模用无功功率衡量,它等于瞬时功率 p_C 的幅值。

为了同电感元件电路的无功功率相比较,也设电流

$$i = I_\mathrm{m}\sin \omega t$$

为参考正弦量,则

$$u = U_\mathrm{m}\sin(\omega t - 90°)$$

于是得出瞬时功率

$$p = p_C = ui = -UI\sin 2\omega t$$

由此可见,电容元件电路的无功功率

$$Q = -UI = -X_C I^2 \tag{2.4.17}$$

即电容性无功功率取负值,而电感性无功功率取正值。

【例 2.4.3】　把一个 25 μF 的电容元件接到频率为 50 Hz、电压有效值为 10 V 的正弦电源上,问电流是多少? 如保持电压值不变,而电源频率改为 5 000 Hz,这时电流将为多少?

【解】　当 $f = 50$ Hz 时

$$X_C = \frac{1}{2\pi f C} = \frac{1}{2 \times 3.14 \times 50 \times (25 \times 10^{-6})} \Omega = 127.4\ \Omega$$

$$I = \frac{U}{X_C} = \frac{10}{127.4}\mathrm{A} = 0.078\ \mathrm{A} = 78\ \mathrm{mA}$$

当 $f = 5\ 000$ Hz 时

$$X_C = \frac{1}{2 \times 3.14 \times 5\ 000 \times (25 \times 10^{-6})}\Omega = 1.274\ \Omega$$

$$I = \frac{10}{1.274}\mathrm{A} = 7.8\ \mathrm{A}$$

可见,在电压有效值一定时,频率愈高,通过电容元件的电流有效值愈大。

本节所讲的都是线性元件。R、L 和 C 都是常数,即相应的 u 和 i、Φ 和 i 及 q 和 u 之间都是线性关系。

2.5　电阻、电感与电容元件串联的交流电路

图 2.5.1 为电阻、电感和电容串联电路,电路的各元件通过同一电流。电流和各个电压的参考方向如图中所示。分析这种电路可以应用上节所得结果。

根据基尔霍夫电压定律可列出

$$u = u_R + u_L + u_C = Ri + L\frac{\mathrm{d}i}{\mathrm{d}t} + \frac{1}{C}\int i\mathrm{d}t \tag{2.5.1}$$

如用相量表示电压与电流的关系,则为

$$\dot{U} = \dot{U}_R + \dot{U}_L + \dot{U}_C = [R + \mathrm{j}(X_L - X_C)]\dot{I} \tag{2.5.2}$$

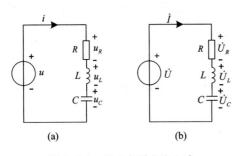

图 2.5.1　RLC 串联交流电路

(a)瞬时值形式；(b)相量形式

此式即为基尔霍夫电压定律的相量表示式。

将上式写成

$$\frac{\dot{U}}{\dot{I}} = R + \mathrm{j}(X_L - X_C) \qquad (2.5.3)$$

式中，$R + \mathrm{j}(X_L - X_C)$ 称为电路的阻抗，用大写的 Z 代表，即

$$Z = R + \mathrm{j}(X_L - X_C) = \sqrt{R^2 + (X_L - X_C)^2} \, \mathrm{e}^{\mathrm{j}\arctan\frac{X_L - X_C}{R}} = |Z|\mathrm{e}^{\mathrm{j}\varphi} \qquad (2.5.4)$$

在上式中：

$$|Z| = \sqrt{R^2 + (X_L - X_C)^2} = \sqrt{R^2 + \left(\omega L - \frac{1}{\omega C}\right)^2} \qquad (2.5.5)$$

是阻抗的模，称为阻抗模，即

$$\frac{U}{I} = \sqrt{R^2 + (X_L - X_C)^2} = |Z| \qquad (2.5.6)$$

阻抗的单位也是欧姆，也具有对电流起阻碍作用的性质。阻抗的辐角

$$\varphi = \arctan\frac{X_L - X_C}{R} \qquad (2.5.7)$$

即为电流与电压之间的相位差。

若设该电路电流

$$i = I_\mathrm{m}\sin \omega t$$

为参考正弦量，则电压

$$u = U_\mathrm{m}\sin(\omega t + \varphi)$$

于是可得电流与各个电压的相量图，如图 2.5.2 所示。

由式(2.5.4)可见，阻抗的实部为"阻"，虚部为"抗"。它表示电路电压和电流之间的关系，既表示了大小关系(反映在阻抗模|Z|上)，又表示了相位关系(反映在辐角 φ 上)。

对电感性电路($X_L > X_C$)，φ 为正；对电容性电路($X_L < X_C$)，φ 为负。当然，也可以使 $X_L = X_C$，即 $\varphi = 0$，则为电阻性电路。因此，φ 角的正负和大小是由电路(负载)参数决定的。

最后讨论电路的功率。电阻、电感和电容元件串联的交流电路的瞬时功率为

$$p = ui = U_\mathrm{m}I_\mathrm{m}\sin \omega t \sin(\omega t + \varphi) \qquad (2.5.8)$$

并可推导出

$$p = UI\cos \varphi - UI\cos(2\omega t + \varphi) \qquad (2.5.9)$$

由于电阻元件上要消耗电能，相应的平均功率为

$$P = \frac{1}{T}\int_0^T p\mathrm{d}t = \frac{1}{T}\int_0^T \left[UI\cos \varphi - UI\cos(2\omega t + \varphi)\right]\mathrm{d}t = UI\cos \varphi \qquad (2.5.10)$$

从图 2.5.2 的相量图可得出

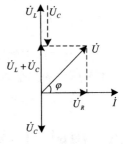

图 2.5.2　电流与电压的相量图

$$U\cos \varphi = U_R = IR$$

于是

$$P = U_R I = RI^2 = UI\cos \varphi \tag{2.5.11}$$

而电感元件与电容元件要储放能量,即它们与电源之间要进行能量交换,相应的无功功率可根据式(2.4.11)和式(2.4.17),并由图 2.5.2 的相量图得出,

$$Q = U_L I - U_C I = (U_L - U_C)I = I^2(X_L - X_C) = UI\sin \varphi \tag{2.5.12}$$

式(2.5.11)和式(2.5.12)是计算正弦交流电路中平均功率(有功功率)和无功功率的一般公式。

由上述可知,一个交流发电机输出的功率不仅与发电机的端电压及其输出电流的有效值的乘积有关,而且还与电路(负载)的参数有关。电路所具有的参数不同,则电压与电流间的相位差 φ 就不同,在同样电压 U 和电流 I 之下,电路的有功功率和无功功率也就不同。式(2.5.11)中的 $\cos \varphi$ 称为功率因数。

在交流电路中,平均功率一般不等于电压和电流有效值的乘积,如将两者的有效值相乘,则得出所谓视在功率 S,即

$$S = UI = |Z|I^2 \tag{2.5.13}$$

交流电气设备是按照额定电压 U_N 和额定电流 I_N 设计和使用的,变压器的容量就是额定电压和额定电流的乘积,即用所谓额定视在功率

$$S_N = U_N I_N$$

表示的。视在功率的单位是伏·安(V·A)或千伏·安(kV·A)。

由于平均功率 P、无功功率 Q 和视在功率 S 三者所代表的意义不同,为了区别起见,各采用不同的单位。

这三个功率之间的关系为

$$S = \sqrt{P^2 + Q^2} \tag{2.5.14}$$

显然,它们可以用一个直角三角形——功率三角形表示。

另外,由式(2.5.5)可见,$|Z|$、R、$(X_L - X_C)$ 三者之间的关系,可以用直角三角形表示;由图 2.5.2 可见,$\dot{U}$、$\dot{U}_R$、$(\dot{U}_C + \dot{U}_L)$ 三者之间关系也都可以用直角三角形表示,它们分别称为阻抗三角形和电压三角形。

功率、电压和阻抗三角形是相似三角形,现在把它们同时表示在图 2.5.3 中。可见,将电压三角形各边的有效值同除 I 得到阻抗三角形,将电压三角形各边的有效值同乘 I 便得到功率三角形。

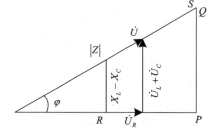

图 2.5.3　功率、电压、阻抗三角形

应当注意:功率和阻抗不是正弦量,所以不能用相量表示。

于是,由图 2.5.3 可得功率因数为

$$\cos \varphi = \frac{P}{S} = \frac{R}{|Z|} = \frac{U_R}{U}$$

交流电路中电压与电流的关系(大小和相位)有一定的规律性,是容易掌握的。现将几种正弦交流电路中电压和电流的关系列入表 2.5.1 中,以帮助读者总结和记忆。

表 2.5.1　正弦交流电路中电压与电流的关系

电路	一般关系式	相位关系	大小关系	复数式
R	$u = Ri$	$\dot{U}$　$\varphi=0$　$\dot{I}$	$I = \dfrac{U}{R}$	$\dot{I} = \dfrac{\dot{U}}{R}$
L	$u = L\dfrac{\mathrm{d}i}{\mathrm{d}t}$	$\dot{U}$　$\varphi=+90°$　$\dot{I}$	$I = \dfrac{U}{X_L}$	$\dot{I} = \dfrac{\dot{U}}{jX_L}$
C	$u = \dfrac{1}{C}\displaystyle\int i\mathrm{d}t$	$\dot{I}$　$\varphi=-90°$　$\dot{U}$	$I = \dfrac{U}{X_C}$	$\dot{I} = \dfrac{\dot{U}}{-jX_C}$
R、L 串联	$u = Ri + L\dfrac{\mathrm{d}i}{\mathrm{d}t}$	$\dot{U}$　$\varphi>0$　$\dot{I}$	$I = \dfrac{U}{\sqrt{R^2 + X_L^2}}$	$\dot{I} = \dfrac{\dot{U}}{R + jX_L}$
R、C 串联	$u = Ri + \dfrac{1}{C}\displaystyle\int i\mathrm{d}t$	$\dot{I}$　$\varphi<0$　$\dot{U}$	$I = \dfrac{U}{\sqrt{R^2 + X_C^2}}$	$\dot{I} = \dfrac{\dot{U}}{R - jX_C}$
R、L、C 串联	$u = Ri + L\dfrac{\mathrm{d}i}{\mathrm{d}t} + \dfrac{1}{C}\displaystyle\int i\mathrm{d}t$	$\varphi>0$　$\varphi=0$　$\varphi<0$	$I = \dfrac{U}{\sqrt{R^2 + (X_L - X_C)^2}}$	$\dot{I} = \dfrac{\dot{U}}{R + j(X_L - X_C)}$

【例 2.5.1】　在电阻、电感与电容元件串联的交流电路中,已知 $R = 30\ \Omega$, $L = 127\ \mathrm{mH}$, $C = 40\ \mu\mathrm{F}$,电源电压 $u = 220\sqrt{2}\sin(314t + 20°)\ \mathrm{V}$。①求电流 i 及各部分电压 u_R、u_L、u_C;②作相量图;③求功率 P 和 Q。

【解】　①$X_L = \omega L = 314 \times 127 \times 10^{-3}\ \Omega = 40\ \Omega$

$$X_C = \frac{1}{\omega C} = \frac{1}{314 \times 40 \times 10^{-6}}\ \Omega = 80\ \Omega$$

$$Z = R + \mathrm{j}(X_L - X_C) = [\,30 + \mathrm{j}(40 - 80)\,]\ \Omega$$

$$= (30 - \mathrm{j}40)\ \Omega = 50\ \underline{/\!-53°}\ \Omega$$

$$\dot{U} = 220\ \underline{/20°}\ \mathrm{V}$$

于是得

$$\dot{I} = \frac{\dot{U}}{Z} = \frac{220\ \underline{/20°}}{50\ \underline{/\!-53°}}\,\mathrm{A} = 4.4\ \underline{/73°}\ \mathrm{A}$$

$$i = 4.4\sqrt{2}\sin(314t + 73°)\ \mathrm{A}$$

$$\dot{U}_R = R\dot{I} = 30 \times 4.4\ \underline{/73°} = 132\ \underline{/73°}\ \mathrm{V}$$

$$u_R = 132\sqrt{2}\sin(314t + 73°)\ \mathrm{V}$$

$$\dot{U}_L = \mathrm{j}X_L\dot{I} = \mathrm{j}40 \times 4.4\ \underline{/73°} = 176\ \underline{/163°}\ \mathrm{V}$$

$$u_L = 176\sqrt{2}\sin(314t + 163°)\ \mathrm{V}$$

$$\dot{U}_C = -\mathrm{j}X_C\dot{I} = -\mathrm{j}80 \times 4.4\ \underline{/73°} = 352\ \underline{/\!-17°}\ \mathrm{V}$$

$$u_C = 352\sqrt{2}\sin(314t - 17°)\ \mathrm{V}$$

注意：$\dot{U} = \dot{U}_R + \dot{U}_L + \dot{U}_C$，但 $U \neq U_R + U_L + U_C$。

②电流和各个电压的相量图如图 2.5.4 所示。

③$P = UI\cos\varphi = 220 \times 4.4 \times \cos(-53°)$

$\qquad = 220 \times 4.4 \times 0.6 \text{ W} = 580.8 \text{ W}$

$\quad Q = UI\sin\varphi = 220 \times 4.4 \times \sin(-53°)$

$\qquad = 220 \times 4.4 \times (-0.8) \text{ var} = -774.4 \text{ var}$（电容性）

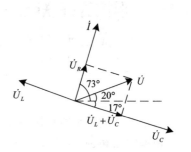

图 2.5.4　例 2.5.1 的相量图

2.6　阻抗的串联与并联

2.6.1　阻抗的串联电路

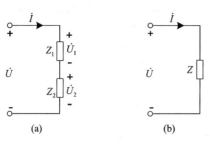

图 2.6.1　阻抗的串联

(a)阻抗的串联；(b)等效电路

当电路中有两个阻抗串联时（图 2.6.1），根据 KVL 有

$$\dot{U} = \dot{U}_1 + \dot{U}_2$$

两边除以电流 $\dot{I}$，得

$$\frac{\dot{U}}{\dot{I}} = \frac{\dot{U}_1}{\dot{I}} + \frac{\dot{U}_2}{\dot{I}}$$

则得

$$Z = Z_1 + Z_2 = (R_1 + R_2) + j(X_1 + X_2)$$

$$(2.6.1)$$

这就是说，串联的阻抗 Z_1 和 Z_2 可以用一个等效阻抗 Z 代替。在多个阻抗串联时，等效阻抗

$$Z = \sum Z_i = \sum R_i + j\sum X_i \qquad (2.6.2)$$

在计算串联等效阻抗时要注意只能阻抗相加，一般情况下阻抗模不能直接相加，即

$$|Z| \neq |Z_1| + |Z_2|$$

【例 2.6.1】　在图 2.6.1(a)中，有两个阻抗 $Z_1 = (6.16 + j9)$ Ω 和 $Z_2 = (2.5 - j4)$ Ω，它们串联接在 $\dot{U} = 220 \angle 30°$ V 的电源上。试用相量计算电路中的电流 $\dot{I}$ 和各个阻抗上的电压 $\dot{U}_1$ 和 $\dot{U}_2$，并作相量图。

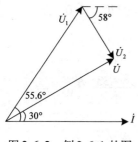

图 2.6.2　例 2.6.1 的图

【解】　$Z = Z_1 + Z_2 = (R_1 + R_2) + j(X_1 + X_2)$

$\qquad = [(6.16 + 2.5) + j(9 - 4)]$ Ω

$\qquad = (8.66 + j5)$ Ω $= 10 \angle 30°$ Ω

$\dot{I} = \dfrac{\dot{U}}{Z} = \dfrac{220 \angle 30°}{10 \angle 30°}$ A $= 22 \angle 0°$ A

$\dot{U}_1 = Z_1 \dot{I} = (6.16 + j9) \times 22$ V $= 10.9 \angle 55.6° \times 22$ V $= 239.8 \angle 55.6°$ V

$\dot{U}_2 = Z_2 \dot{I} = (2.5 - j4) \times 22$ V $= 4.71 \angle -58° \times 22$ V $= 103.6 \angle -58°$ V

可用 $\dot{U} = \dot{U}_1 + \dot{U}_2$ 来验证。电流与电压的相量图如图 2.6.2 所示。

2.6.2 阻抗的并联电路

图2.6.3(a)是两个阻抗并联的电路。根据基尔霍夫电流定律可写出它的相量表示式

$$\dot{I} = \dot{I}_1 + \dot{I}_2 = \frac{\dot{U}}{Z_1} + \frac{\dot{U}}{Z_2} = \dot{U}\left(\frac{1}{Z_1} + \frac{1}{Z_2}\right)$$

$$(2.6.3)$$

两个并联的阻抗也可用一个等效阻抗 Z 代替。根据图2.6.3(b)等效电路可写出

$$\dot{I} = \frac{\dot{U}}{Z} \qquad (2.6.4)$$

比较上列两式,则得

$$\frac{1}{Z} = \frac{1}{Z_1} + \frac{1}{Z_2} \qquad (2.6.5)$$

或

$$Z = \frac{Z_1 Z_2}{Z_1 + Z_2}$$

因为一般

$$I \neq I_1 + I_2$$

即

$$\frac{U}{|Z|} \neq \frac{U}{|Z_1|} + \frac{U}{|Z_2|}$$

所以

$$\frac{1}{|Z|} \neq \frac{1}{|Z_1|} + \frac{1}{|Z_2|}$$

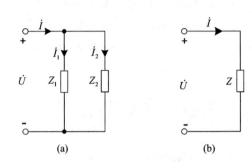

图2.6.3 阻抗的并联
(a)阻抗的并联;(b)等效电路

由此可见,只有等效阻抗的倒数才等于各个并联阻抗的倒数之和。

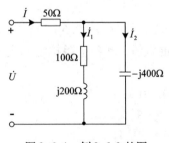

图2.6.4 例2.6.2的图

【例2.6.2】 图2.6.4中,电源电压为 $\dot{U} = 220\angle 0°$ V。试求:①等效阻抗 Z;②电流 $\dot{I}$、$\dot{I}_1$ 和 $\dot{I}_2$。

【解】 ①等效阻抗

$$Z = \left[50 + \frac{(100+j200)(-j400)}{100+j200-j400}\right]\Omega$$

$$= (50 + 320 + j240)\,\Omega = (370 + j240)\,\Omega$$

$$= 440 \angle 33°\ \Omega$$

②电流

$$\dot{I} = \frac{\dot{U}}{Z} = \frac{220\angle 0°}{440\angle 33°}A = 0.5\angle -33°\ A$$

$$\dot{I}_1 = \frac{-j400}{100+j200-j400} \times 0.5\angle -33°\ A$$

$$= \frac{400\angle -90°}{224\angle -63.4°} \times 0.5\angle -33°\ A = 0.89\angle -59.6°\ A$$

$$\dot{I}_2 = \frac{100+j200}{100+j200-j400} \times 0.5\angle -33°\ A$$

$$= \frac{224 \quad \angle 63.4°}{224 \quad \angle -63.4°} \times 0.5 \angle -33° \, A = 0.5 \angle 93.8° \, A$$

和直流电路一样,交流电路也要应用支路电流法、结点电压法、叠加原理和戴维南定理等方法分析和计算。不同的是,电压和电流应以相量表示,电阻、电感和电容及其组成的电路应以阻抗表示。

2.7　电路的谐振

在含有电感和电容元件的电路中,电路两端的电压与其中的电流一般是不同相的。如果调节电路的参数或电源的频率而使它们同相,电路中就会发生谐振现象。按发生谐振的电路的不同,谐振现象可分为串联谐振和并联谐振。

2.7.1　串联谐振

在 R、L、C 元件串联的电路中(图 2.5.1),当

$$X_C = X_L \left(\text{或 } 2\pi fL = \frac{1}{2\pi fC} \right) \tag{2.7.1}$$

时,则

$$\varphi = \arctan \frac{X_L - X_C}{R} = 0$$

即电源电压 u 与电路中电流 i 同相,这时电路中发生串联谐振。式(2.7.1)是发生串联谐振的条件,并由此得出谐振频率

$$f = f_0 = \frac{1}{2\pi \sqrt{LC}} \tag{2.7.2}$$

可见只要调节 L、C 或电源频率 f 都能使电路发生谐振。

串联谐振具有下列特征:

①电路的阻抗模 $|Z| = \sqrt{R^2 + (X_L - X_C)^2} = R$,因此,在电源电压 U 不变的情况下,电路中的电流将在谐振时达到最大值,即 $I = I_0 = \frac{U}{R}$;

②由于电源电压与电路中电流同相,因此电路对电源呈现电阻性;

③由于 $X_L = X_C$,于是 $U_L = U_C$。而 $\dot{U}_L = \dot{U}_C$ 且相位相反,互相抵消,对整个电路不起作用,因此电源电压 $\dot{U} = \dot{U}_R$(图 2.7.1)。

但是,U_L 和 U_C 各自的作用不容忽视,因为

$$\left. \begin{array}{l} U_L = X_L I = X_L \dfrac{U}{R} \\[2mm] U_C = X_C I = X_C \dfrac{U}{R} \end{array} \right\} \tag{2.7.3}$$

当 $X_L = X_C > R$ 时,U_L 和 U_C 都高于电源电压 U。如果电压过高时,可能会击穿线圈和电容器的绝缘。因此,在电力工程中一般应避免发生串联谐振。但在无线电工程中则常利用串联谐振以获得较高电压。电容或电感元件上的电压常高于电源电压几十倍或几百倍。

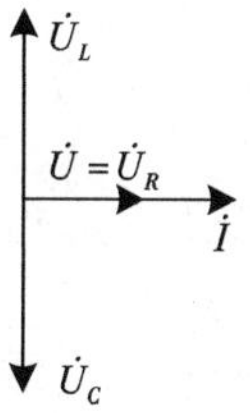

图 2.7.1　串联谐振时的相量图

例如,图 2.7.2 是接收机的输入电路。它的主要部分是天线线圈 L_1 和由电感线圈 L 与可变电容器 C 组成的串联谐振电路。图中的 R 是线圈 L 的电阻。天线所收到的各种频率不同的信号都会在 LC 谐振电路中感应出相应的电动势 e_1、e_2、e_3……。改变 C,可将所需信号频率调到串联谐振,那么这时 LC 回路中该频率的电流最大,在可变电容器两端的这种频率的电压也就较高。其他各种不同频率的信号虽然也在接收机里出现,但由于它们没有达到谐振,在回路中引起的电流很小。这样就起到了选择信号和抑制干扰的作用。

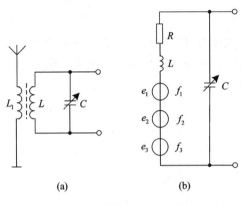

图 2.7.2　收音机的输入电路

(a)电路图;(b)等效电路图

【例 2.7.1】　某收音机的输入电路如图 2.7.2(a)所示,线圈 L 的电感 $L = 0.3$ mH,电阻 $R = 16$ Ω。今欲收听频率 640 kHz 电台的广播,应将可变电容 C 调到多少皮法? 如在调谐回路中感应出电压 $U = 2$ μV,试求这时回路中该信号的电流多大,并在线圈(或电容)两端得出多大电压?

【解】　根据 $f = \dfrac{1}{2\pi\sqrt{LC}}$ 可得

$$640 \times 10^3 = \frac{1}{2 \times 3.14\sqrt{0.3 \times 10^{-3}\,C}}$$

由此算出 $C = 204$ pF。这时

$$I = \frac{U}{R} = \frac{2 \times 10^{-6}}{16}\text{A} = 0.13\ \mu\text{A}$$

$$X_C = X_L = 2\pi fL$$
$$= 2 \times 3.14 \times 640 \times 10^3 \times 0.3 \times 10^{-3}\ \Omega = 1\ 200\ \Omega$$

$$U_C \approx U_L = X_L I = 1\ 200 \times 0.13 \times 10^{-6}\ \text{V} = 156 \times 10^{-6}\ \text{V} = 156\ \mu\text{V}$$

2.7.2　并联谐振

图 2.7.3(a)是线圈 L 与电容器 C 并联的电路,R 为线圈电阻。当发生并联谐振时,电压 u 与电流 i 同相,相量图如图 2.7.3 (b)所示。

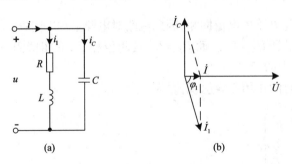

图 2.7.3　RL 与 C 的并联电路

(a)电路图;(b)相量图

由相量图可得

$$I_1\sin\varphi_1 = I_C \tag{2.7.4}$$

由于

$$I_1 = \frac{U}{\sqrt{R^2 + X_L^2}} = \frac{U}{\sqrt{R^2 + (2\pi f L)^2}}$$

$$\sin \varphi_1 = \frac{X_L}{\sqrt{R^2 + X_L^2}} = \frac{2\pi f L}{\sqrt{R^2 + (2\pi f L)^2}}$$

$$I_C = \frac{U}{X_C} = 2\pi f C U$$

将上列三式代入式(2.7.4)后,就可得出谐振频率

$$f = f_0 = \frac{1}{2\pi} \sqrt{\frac{1}{LC} - \frac{R^2}{L^2}} \approx \frac{1}{2\pi \sqrt{LC}} \qquad (2.7.5)$$

通常线圈的电阻 R 很小,所以一般在谐振时, $2\pi f_0 L \gg R$,通过计算也可以得出上式中谐振频率的近似式子。

并联谐振具有下列特征:

①由于 $R \ll X_L, \varphi_1 \approx 90°$ 故从图 2.7.3(b)的相量图可见

$$\dot{I}_1 \approx -\dot{I}_C, I_1 \approx I_C \gg I, I \approx 0$$

这说明:第一,谐振时电路的阻抗模 $|Z_0|$ 较大,电流也就较小;第二,谐振时两并联支路电流的相位近于相反,大小近于相等,比总电流大得多。

②由于电源电压与电路中电流同相,因此电路对电源呈现电阻性。谐振时电路的阻抗模 $|Z_0|$ 相当于一个电阻。

并联谐振在电工电子技术中也常应用。例如,利用并联谐振时阻抗模高的特点来选择信号或消除干扰。

【例 2.7.2】　在图 2.7.4 所示的电路中, $U = 220$ V。①当电源频率 $\omega_2 = 1\,000$ rad/s 时, $U_R = 0$ V;②当电源频率 $\omega_2 = 2\,000$ rad/s 时, $U_R = U = 220$ V。试求电路参数 L_1 和 L_2,并已知 $C = 1$ μF。

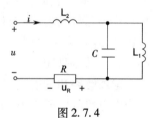

图 2.7.4

【解】　①这时 $U_R = 0$ V,即 $I = 0$,电路处于并联谐振(并联谐振时, $L_1 C$ 并联电路的阻抗模为无穷大,读者自行证明),故

$$\omega_1 L_1 = \frac{1}{\omega_1 C}$$

$$L_1 = \frac{1}{\omega_1^2 C} = \frac{1}{1\,000^2 \times 1 \times 10^{-6}} \text{ H} = 1 \text{ H}$$

②这时电路处于串联谐振。先将 $L_1 C$ 并联电路等效为

$$Z_0 = \frac{(\mathrm{j}\omega_2 L_1)\left(-\mathrm{j}\dfrac{1}{\omega_2 C}\right)}{\mathrm{j}\left(\omega_2 L_1 - \dfrac{1}{\omega_2 C}\right)} = -\mathrm{j}\frac{\omega_2 L_1}{\omega_2^2 L_1 C - 1}$$

而后列出

$$\dot{U} = R\dot{I} + \mathrm{j}\left(\omega_2 L_2 - \frac{\omega_2 L_1}{\omega_2^2 L_1 C - 1}\right)\dot{I}$$

在串联谐振时 $\dot{U}$ 和 $\dot{I}$ 同相,虚部为零,即

$$\omega_2 L_2 = \frac{\omega_2 L_1}{\omega_2^2 L_1 C - 1}$$

$$L_2 = \frac{1}{\omega_2^2 C - \dfrac{1}{L_1}} = \frac{1}{2\ 000^2 \times 1 \times 10^{-6} - 1}\ \text{H} = 0.33\ \text{H}$$

2.8 功率因数的提高

大家都已知道,直流电路的功率等于电流与电压的乘积,但交流电路则不然。在计算交流电路的平均功率时还要考虑电压与电流间的相位差 φ,即

$$P = UI\cos \varphi$$

上式中的 $\cos \varphi$ 是电路的功率因数。在前面已讲过,电压与电流间的相位差或电路的功率因数决定于电路(负载)的参数。只有在电阻负载(例如白炽灯、电阻炉等)的情况下,电压和电流才同相,功率因数为 1。对其他负载来说,功率因数均介于 0 与 1 之间。

当电压与电流之间有相位差时,即功率因数不等于 1 时,电路中发生能量交换,出现无功功率 $Q = UI\sin \varphi$。这样就引起下面两个问题。

1. 发电设备的容量不能充分利用

容量 S_N 一定的供电设备能够输出的有功功率为

$$P = S_N \cos \varphi = U_N I_N \cos \varphi$$

由上式可见,当负载的功率因数 $\cos \varphi < 1$ 时而发电机的电压和电流又不容许超过额定值,显然这时发电机所能发出的有功功率就减小了。功率因数愈低,发电机所发出的有功功率就愈小,而无功功率却愈大。无功功率愈大,即电路中能量交换的规模愈大,则发电机发出的能量就不能充分利用,其中有一部分即在发电机与负载之间进行互换。

例如,容量为 1 000 kV·A 的变压器,如果 $\cos \varphi = 1$,即能通过 1 000 kW 的有功功率,而在 $\cos \varphi = 0.7$ 时,则只能通过 700 kW 的功率。

2. 增加线路和发电机绕组的功率损耗

当发电机的电压 U 和输出的功率 P 一定时,电流 I 与功率因数 $\cos \varphi$ 成反比,而线路和发电机绕组上的功率损耗 ΔP 则与 $\cos \varphi$ 的平方成反比,即

$$\Delta P = rI^2 = \left(r\frac{P^2}{U^2}\right)\frac{1}{\cos^2 \varphi}$$

式中: r 是发电机绕组和线路的电阻。

功率因数不高,根本原因就是由于电感性负载的存在。例如,生产中最常用的异步电动机在额定负载时的功率因数约为 0.7 ~ 0.9 左右,如果在轻载时功率因数就更低。其他如工频炉、电焊变压器以及日光灯等负载的功率因数也都是较低的。电感性负载的功率因数之所以小于 1,是由于负载本身需要一定的无功功率。从技术经济观点出发,如何解决这个矛盾,也就是如何才能减少电源与负载之间能量的交换,而又使电感性负载能取得所需的无功功率,这就是要提高功率因数的实际意义。

按照供用电规则,高压供电工业企业负荷的平均功率因数不低于 0.95,其他单位不低于 0.9。

提高功率因数,常用的方法就是将电容器与电感性负载并联(设置在用户或变电所中)。此时,电路图和相量图如图 2.8.1 所示。

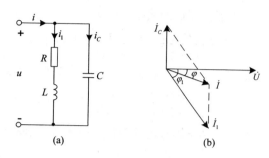

并联电容器以后,电感性负载的电流 $I_1 = \dfrac{U}{\sqrt{R^2 + X_L^2}}$ 和功率因数 $\cos \varphi = \dfrac{R}{\sqrt{R^2 + X_L^2}}$ 均未变化,这是因为所加电压和负载参数没有改变。但电压 u 和线路电流 i 之间的相位差 φ 变小了,即 $\cos \varphi$ 变大了。这里所讲的提高

图 2.8.1　电容器与电感性负载并联以提高功率因数
(a)电路图;(b)相量图

功率因数,是指提高电源或电网的功率因数,而不是指提高某个电感性负载的功率因数。

在电感性负载上并联了电容器以后,减少了电源与负载之间的能量交换。这时电感性负载所需的无功功率大部分或全部都是就地供给(由电容器供给),就是说能量的交换现在主要或完全发生在电感性负载与电容器之间,因而使发电机容量能得到充分利用。

其次,由相量图可见,并联电容器以后线路电流也减小了(电流相量相加),因而减小了线路功率损耗。

应该注意,并联电容器以后有功功率并未改变,因为电容器是不消耗电能的。

【例 2.8.1】　有一电感性负载,功率 $P = 10$ kW,功率因数 $\cos \varphi_1 = 0.6$,接在电压 $U = 220$ V 的电源上,电源频率 $f = 50$ Hz。①如果将功率因数提高到 $\cos \varphi = 0.95$,试求与负载并联的电容器的电容值和电容器并联前后的线路电流。②如要将功率因数从 0.95 再提高到 1,试问并联电容器的电容值还需增加多少?

【解】　计算并联电容器的电容值,可从图 2.8.1 的相量图导出一个公式。由图可得

$$I_C = I_1 \sin \varphi_1 - I \sin \varphi = \left(\dfrac{P}{U \cos \varphi_1} \right) \sin \varphi_1 - \left(\dfrac{P}{U \cos \varphi} \right) \sin \varphi = \dfrac{P}{U} (\tan \varphi_1 - \tan \varphi)$$

又因

$$I_C = \dfrac{U}{X_C} = U \omega C$$

所以

$$U \omega C = \dfrac{P}{U} (\tan \varphi_1 - \tan \varphi)$$

由此得

$$C = \dfrac{P}{\omega U^2} (\tan \varphi_1 - \tan \varphi)$$

① $\cos \varphi_1 = 0.6$ 即 $\varphi_1 = 53°$;$\cos \varphi = 0.95$ 即 $\varphi = 18°$
因此所需电容值为

$$C = \dfrac{10 \times 10^3}{2\pi \times 50 \times 220^2} (\tan 53° - \tan 18°) = 656 \ \mu F$$

电容器并联前的线路电流(即负载电流)为

$$I_1 = \dfrac{P}{U \cos \varphi_1} = \dfrac{10 \times 10^3}{220 \times 0.6} \ A = 75.6 \ A$$

电容器并联后的线路电流为

$$I = \frac{P}{U\cos\varphi} = \frac{10 \times 10^3}{220 \times 0.95} \text{ A} = 47.8 \text{ A}$$

②如要将功率因数由 0.95 再提高到 1,则需要增加的电容值为

$$C = \frac{10 \times 10^3}{2\pi \times 50 \times 220^2}(\tan 18° - \tan 0°) \text{F} = 213.6 \text{ μF}$$

可见在功率因数已经接近 1 时再继续提高,所需的电容值是很大的,因此,一般不必提高到 1。

习 题

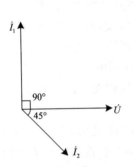

图 2.01 习题 2.1
的相量图

2.1 图 2.01 是电压和电流相量图,并已知 $U = 220$ V,$I_1 = 10$ A,$I_2 = 5\sqrt{2}$ A,试分别用三角函数式及复数式表示各正弦量。

2.2 已知正弦量 $\dot{U} = 220e^{j30°}$ V 和 $\dot{I} = (-4 - j3)$ A,试分别用三角函数式、正弦波形及相量图表示它们。如果 $\dot{I} = (4 - j3)$ A,则又如何?

2.3 有一由 R、L、C 元件串联的交流电路,已知 $R = 10 \ \Omega$,$L = \frac{1}{3.14}$ H,$C = \frac{10^6}{3\,140}$ μF。在电容元件的两端并联一短路开关 S。(1)当电源电压为 220 V 的直流电压时,试分别计算在短路开关闭合和断开两种情况下电路中的电流 I 及各元件上的电压 U_R、U_L、U_C。(2)当电源电压为正弦电压 $u = 220\sqrt{2}\sin 314t$ V 时,试分别计算在上述两种情况下电流及各电压的有效值。

2.4 有一个线圈接在 $U = 120$ V 的直流电源上,$I = 20$ A;若接在 $f = 50$ Hz、$U = 220$ V 的交流电源上,则 $I = 28.2$A。试求线圈的电阻 R 和电感 L。

2.5 日光灯与镇流器串联接到交流电压上,可看做 R、L 串联电路。如已知某灯管的等效电阻 $R_1 = 280 \ \Omega$,镇流器的电阻和电感分别为 $R_2 = 20 \ \Omega$ 和 $L = 1.65$ H,电源电压 $U = 220$ V,试求电路中的电流和灯管两端与镇流器上的电压。这两个电压加起来是否等于 220 V? 电源频率为 50 Hz。

2.6 图 2.02 是一移相电路。如果 $C = 0.02$ μF,输入电压 $u_1 = \sqrt{2}\sin 6\,280t$ V,今欲使输出电压 u_2 在相位上迁移 60°,问应配多大的电阻 R? 此时输出电压的有效值 U_2 等于多少?

2.7 2 台单相交流电动机并联在 220 V 交流电源上工作,取用的有功功率和功率因数分别为 $P_1 = 1$ kW,$\cos\varphi_1 = 0.8$,$P_2 = 0.5$ kW,$\cos\varphi_2 = 0.707$。求总电流、总有功功率、无功功率、视在功率和总功率因数。

2.8 图 2.03 各电路图中,除 A_0 和 V_0 外,其余电流表和电压表的读数在图上都已标出(都是正弦量的有效值),试求电流表 A_0 或电压表 V_0 的读数。

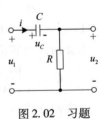

图 2.02 习题
2.6 的相量图

2.9 在图 2.04 中,已知 $U = 220$ V,$R_1 = 10 \ \Omega$,$X_L = 10\sqrt{3} \ \Omega$,$R_2 = 20 \ \Omega$,试求各个电流和平均功率。

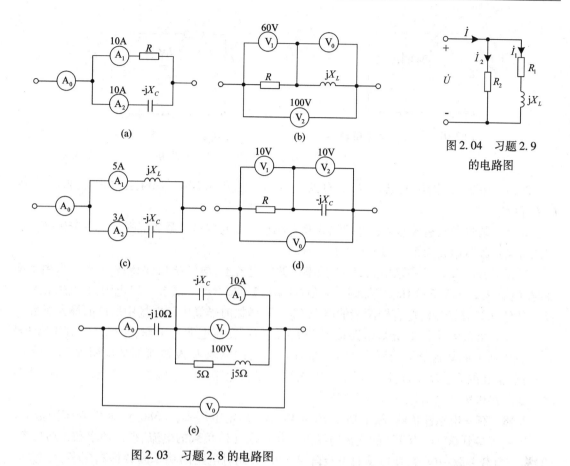

(a)　　　(b)

图 2.04　习题 2.9
的电路图

(c)　　　(d)

(e)

图 2.03　习题 2.8 的电路图

2.10　在图 2.05 所示交流电路中，$U=220$ V，S 闭合时，$U_R=80$ V，$P=320$ W；S 断开时，$P=405$ W，电路为电感性，求 R、X_L 和 X_C。

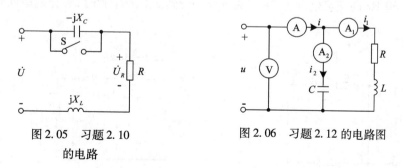

图 2.05　习题 2.10
的电路

图 2.06　习题 2.12 的电路图

2.11　一 R、L、C 并联的交流电路，$R_1=60$ Ω，$X_L=80$ Ω，$X_C=40$ Ω，接于 220 V 的交流电源上，求电路的总有功功率、无功功率和视在功率。

2.12　在图 2.06 中，已知 $u=220\sqrt{2}\sin 314t$ V，$i_1=22\sin(314t-45°)$ A，$i_2=11\sqrt{2}\sin(314t+90°)$ A，试求各仪表读数及电路参数 R、L、C。

2.13　在图 2.07 所示电路中，已知 $U=220$ V，$f=50$ Hz，开关 S 闭合前后电流表的稳态读数不变。试求电流表的读数值以及电容 C（C 不为零）。

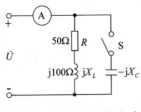

图 2.07　习题 2.13 的电路

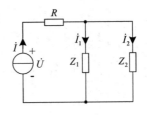

图 2.08　习题 2.14
的电路

2.14　图 2.08 电路中,已知 $R = 2\ \Omega$, $Z_1 = -\mathrm{j}10\ \Omega$, $Z_2 = (40 + \mathrm{j}30)\ \Omega$, $\dot{I} = 5\angle 30°$ A。求 $\dot{I}_1$、$\dot{I}_2$ 和 $\dot{U}$。

2.15　某收音机输入电路的电感约为 0.3 mH,可变电容器的调节范围为 25 ~ 360 pF。试问能否满足收听中波段 535 ~ 1 605 kHz 的要求。

2.16　有一 R、L、C 串联电路,接于频率可调的电源上,电源电压保持在 10 V。当频率增加时,电流从 10 mA(500 Hz)增加到最大值 60 mA(1 000 Hz)。试求:(1)电阻 R、电感 L 和电容 C 的值;(2)在谐振时电容器两端的电压 U_C;(3)谐振时磁场中和电场中所储的最大能量。

2.17　图 2.9 所示,日光灯电路接于 220 V、50 Hz 交流电源上工作,测得灯管电压为 100 V,电流为 0.4 A,镇流器的功率为 7 W。求:(1)灯管的电阻 R_L 及镇流器的电阻 R 和电感 L;(2)灯管消耗的有功功率、电路消耗的总有功功率以及电路的功率因数;(3)欲使电路的功率因数提高到 0.9,需要并联多大的电容?

2.18　有一电感性负载,额定功率 $P_N = 40$ kW,额定电压 $U_N = 380$ V,额定功率因数 $\cos \varphi_N = 0.4$,现接到 50 Hz、380 V 的交流电源上工作。求:(1)负载的电流、视在功率和无功功率;(2)若与负载并联一电容,使电路总电流降到 120 A,此时电路的功率因数提高到多少? 并联的电容是多大?

2.19　在图 2.10 所示电路中,为保持负载的 $U_L = 110$ V、$P_L = 264$ W,$\cos \varphi_L = 0.6$,欲将负载接在 220 V,50 Hz 的交流电源上,求开关 S 分别合到 a、b、c 位置时,应分别串联多大的 R、L 和 C。

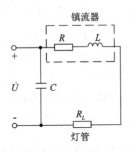

图 2.9　习题 2.17 的电路

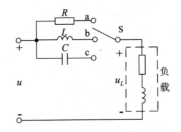

图 2.10　习题 2.19 的电路

第 3 章　三相交流电路

　　前面介绍的电路都是单相电路。在实际中,三相电路的应用更为广泛。目前,世界各国电力系统中电能的生产、传输和供电方式绝大多数采用三相制。三相电力系统是由三相电源、三相负载和三相输电线路三部分组成的。三相电路比单相电路具有更多的优越性。从发电方面看,同样尺寸的发电机,采用三相电路比单相电路可以增加输出功率;从输电方面看,在相同的输电条件下,三相电路可以节约铜线;从配电方面看,三相变压器比单相变压器经济,而且便于接入三相或单相负载;从用电方面看,常用的三相电动机具有结构简单、运行平稳可靠等优点。本章主要介绍三相电源和三相电路的组成、对称三相电路的计算、不对称三相电路的计算和三相电路的功率及测量。

3.1　三相电源

　　本节着重讨论负载在三相电路中的连接使用问题。图 3.1.1 是三相交流发电机的原理图,它的主要组成部分是电枢和磁极。

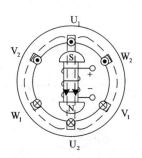

图 3.1.1　三相交流发
电机的原理图

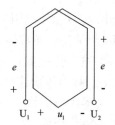

图 3.1.2　每相电枢绕组

　　电枢是固定的,亦称定子。定子铁芯的内圆周表面冲有槽,用于放置三相电枢绕组。每相绕组是同样的,如图 3.1.2 所示。它们的始端(头)标以 U_1、V_1、W_1,末端(尾)标以 U_2、V_2、W_2。每个绕组的两边放置在相应的定子铁芯的槽内。但要求绕组的始端之间或末端之间都彼此相隔120°。

　　磁极是转动的,亦称转子。转子铁芯上绕有励磁绕组,用直流励磁。选择合适的极面形状和励磁绕组的布置情况,可使空气中的磁感应强度按正弦规律分布。

　　当转子由原动机带动并以匀速按顺时针方向转动时,每相绕组依次切割磁通,产生电动势,因而在三相绕组上得出频率相同、幅值相等、相位互差120°的三相对称正弦电压。若以 u_1 为参考正弦量,则

$$u_1 = U_m \sin \omega t$$
$$u_2 = U_m \sin(\omega t - 120°)$$
$$u_3 = U_m \sin(\omega t - 240°) = U_m \sin(\omega t + 120°)$$

$$(3.1.1)$$

也可以用相量表示

$$\dot{U}_1 = U \angle 0°$$
$$\dot{U}_2 = U \angle -120°$$
$$\dot{U}_3 = U \angle 120°$$

$$(3.1.2)$$

它的相量图和正弦波形如图 3.1.3 所示。

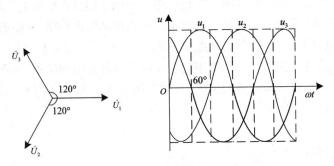

图 3.1.3　表示三相交流电压的相量图和正弦波形

显然,三相对称正弦电压的瞬时值或相量之和为零,即

$$u_1 + u_2 + u_3 = 0$$
$$\dot{U}_1 + \dot{U}_2 + \dot{U}_3 = 0$$

三相交流电出现正幅值(或相应零值)的顺序称为相序。在此,相序是 $U_1 \rightarrow V_1 \rightarrow W_1$。

发电机三相绕组的接法通常如图 3.1.4 所示,即将三个末端连在一起,这一连接点称为中性点或零点,用 N 表示。这种连接法称为星形连接。从中性点引出的导线称为中性线或零线。从始端 U_1、V_1、W_1 引出的三根导线称为相线或端线,俗称火线。

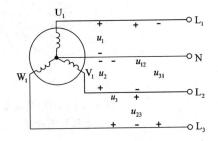

图 3.1.4　发电机的星形连接

在图 3.1.4 中,每相始端与末端间的电压,亦即相线与中性线间的电压,称为相电压,其有效值用 U_1、U_2、U_3 或用 U_P 表示。而任意两始端间的电压,亦即两相线间的电压,称为线电压,其有效值用 U_{12}、U_{23}、U_{31} 或用 U_L 表示。相电压和线电压的参考方向如图所示。

当发电机的绕组连成星形时,相电压和线电压显然是不相等的。根据图 3.1.4 上的参考方向,它们的关系是

$$u_{12} = u_1 - u_2$$
$$u_{23} = u_2 - u_3$$
$$u_{31} = u_3 - u_1$$

$$(3.1.3)$$

或用相量形式表示

$$\left.\begin{array}{l}\dot{U}_{12} = \dot{U}_1 - \dot{U}_2 \\ \dot{U}_{23} = \dot{U}_2 - \dot{U}_3 \\ \dot{U}_{31} = \dot{U}_3 - \dot{U}_1\end{array}\right\} \tag{3.1.4}$$

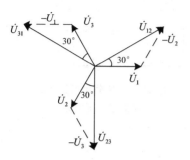

图 3.1.5　发电机绕组星形连接时，
线电压和相电压的相量图

图 3.1.5 是它们的相量图。作相量图时，先作出相电压 $\dot{U}_1$、$\dot{U}_2$、$\dot{U}_3$，而后根据式（3.1.4）分别作出线电压 $\dot{U}_{12}$、$\dot{U}_{23}$、$\dot{U}_{31}$。可见线电压也是频率相同、幅值相等、相位互差 120°的三相对称电压，在相位上比相应的相电压超前 30°。

至于线电压和相电压在大小上的关系，也很容易从相量图上得出

$$U_{\mathrm{L}} = \sqrt{3}\,U_{\mathrm{P}} \tag{3.1.5}$$

式中：U_{L} 为线电压；U_{P} 为相电压。

发电机（或变压器）的绕组连成星形时，可引出四根导线（三相四线制），这样就有可能给予负载两种电压。通常在低压配电系统中相电压为 220 V，线电压为 380 V（即 $\sqrt{3} \times 220$）。

当发电机（或变压器）的绕组连成星形时，不一定都引出中性线。

3.2　三相负载

三相电路中的负载有星形和三角形两种连接方式。

3.2.1　星形连接

图 3.2.1 是三相四线制电路，设线电压为 380 V。电灯负载（220 V，单相负载）比较均匀地分配在各相之中，接在相线与中性线之间；三相电动机接在三根相线上。

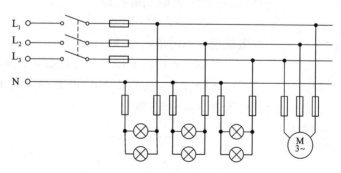

图 3.2.1　电灯与电动机的星形连接

负载星形连接的三相四线制电路一般可用图 3.2.2 电路表示。每相负载的阻抗模分别为 $|Z_1|$、$|Z_2|$、$|Z_3|$。电压和电流的参考方向都已在图中标出。

三相电路中的电流也有相电流与线电流之分。每相负载中的电流 I_{P} 称为相电流，每根相线中的电流 I_{L} 称为线电流。在负载为星形连接时，显然，相电流即为线电流，即

$$I_{\mathrm{P}} = I_{\mathrm{L}} \tag{3.2.1}$$

对三相电路应该一相一相计算。

设电源相电压 $\dot{U}_1$ 为参考正弦量,则得

$$\dot{U}_1 = U \angle 0°$$
$$\dot{U}_2 = U \angle -120°$$
$$\dot{U}_3 = U \angle 120°$$

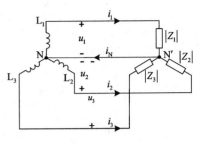

图 3.2.2　负载星形连接的
三相四线制电路

在图 3.2.2 的电路中,电源相电压即为每相负载电压。于是每相负载中的电流可分别求出,即

$$\left.\begin{array}{l}
\dot{I}_1 = \dfrac{\dot{U}_1}{Z_1} = \dfrac{U_1 \angle 0°}{|Z_1| \angle \varphi_1} = I_1 \angle -\varphi_1 \\[3mm]
\dot{I}_2 = \dfrac{\dot{U}_2}{Z_2} = \dfrac{U_2 \angle -120°}{|Z_2| \angle \varphi_2} = I_2 \angle -120° - \varphi_2 \\[3mm]
\dot{I}_3 = \dfrac{\dot{U}_3}{Z_3} = \dfrac{U_3 \angle 120°}{|Z_3| \angle \varphi_3} = I_3 \angle 120° - \varphi_3
\end{array}\right\}$$

$$(3.2.2)$$

每相负载中电流的有效值分别为

$$I_1 = \frac{U_1}{|Z_1|}, I_2 = \frac{U_2}{|Z_2|}, I_3 = \frac{U_3}{|Z_3|} \tag{3.2.3}$$

各相负载电压与电流之间的相位差分别为

$$\varphi_1 = \arctan\frac{X_1}{R_1}, \varphi_2 = \arctan\frac{X_2}{R_2}, \varphi_3 = \arctan\frac{X_3}{R_3} \tag{3.2.4}$$

中性线中的电流可以按照图 3.2.2 中选定的参考方向用基尔霍夫电流定律得出,即

$$\dot{I}_N = \dot{I}_1 + \dot{I}_2 + \dot{I}_3 \tag{3.2.5}$$

电压和电流的相量图如图 3.2.3 所示。

现在讨论图 3.2.2 电路中负载对称的情况。所谓负载对称,就是指各相阻抗相等,即

$$Z_1 = Z_2 = Z_3 = Z$$

或阻抗模和相位角相等,即

$$|Z_1| = |Z_2| = |Z_3| = |Z|, \varphi_1 = \varphi_2 = \varphi_3 = \varphi$$

由式(3.2.3)和式(3.2.4)可见,因为电压对称,所以负载相电流也是对称的,即

$$I_1 = I_2 = I_3 = I_P = \frac{U_P}{|Z|}$$

$$\varphi_1 = \varphi_2 = \varphi_3 = \varphi = \arctan\frac{X}{R}$$

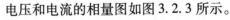

图 3.2.3　不对称负载星形
连接时电压和电流的相量图

因此,这时中性线电流等于零,即

$$\dot{I}_N = \dot{I}_1 + \dot{I}_2 + \dot{I}_3 = 0$$

电压和电流的相量图如图 3.2.4 所示。

中性线中既然没有电流通过,中性线就不需要了。因此,图 3.2.2 所示电路就变为图 3.2.5 所示电路,这就是三相三线制电路。三相三线制电路在生产上的应用极为广泛,因为生产上的三相负载(通常所见的是三相电动机)一般都是对称的。

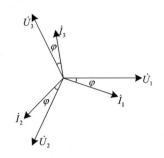

图 3.2.4 对称负载星形连接时
电压和电流的相量图

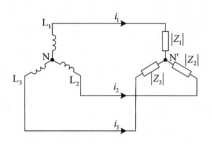

图 3.2.5 对称负载星形连接
的三相三线制电路

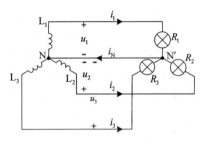

图 3.2.6 例 3.2.1 的电路

【例 3.2.1】 在图 3.2.6 中,电源电压对称,每相电压 $U_P = 220$ V;负载为电灯组,在额定电压下电阻分别为 $R_1 = 5$ Ω,$R_2 = 10$ Ω,$R_3 = 20$ Ω。试求负载相电压、负载电流及中性线电流。电灯的额定电压为 220 V。

【解】 在负载不对称而有中性线(中性线上电压降可忽略不计)的情况下,负载相电压和电源相电压相等,也是对称的,其有效值为 220 V。

本题如用相量计算,求中性线电流较为容易。先计算各相电流:

$$\dot{I}_1 = \frac{\dot{U}_1}{R_1} = \frac{220 \ \angle 0°}{5} = 44 \ \angle 0° \ \text{A}$$

$$\dot{I}_2 = \frac{\dot{U}_2}{R_2} = \frac{220 \ \angle -120°}{10} = 22 \ \angle -120° \ \text{A}$$

$$\dot{I}_3 = \frac{\dot{U}_3}{R_3} = \frac{220 \ \angle 120°}{20} = 11 \ \angle 120° \ \text{A}$$

根据图中电流的参考方向,中性线电流

$$\dot{I}_N = \dot{I}_1 + \dot{I}_2 + \dot{I}_3 = 44 \ \angle 0° + 22 \ \angle -120° + 11 \ \angle 120°$$
$$= 44 + (-11 - j18.9) + (-5.5 + j9.45) = 27.5 - j9.45$$
$$= 29.1 \ \angle -19° \ \text{A}$$

【例 3.2.2】 在上例中,①L_1 相短路时,②L_1 相短路而中性线又断开时(图 3.2.7)各相负载上的电压。

【解】 ①此时 L_1 相短路电流很大,将 L_1 相中的熔断器熔断,而 L_2 相和 L_3 相未受影响,相电压仍为 220 V。

②此时负载中性点 N' 即为 L_1,因此负载各相电压为

$$\dot{U}'_1 = 0, \ U'_1 = 0$$
$$\dot{U}'_2 = \dot{U}_{21}, \ U'_2 = 380 \ \text{V}$$
$$\dot{U}'_3 = \dot{U}_{31}, \ U'_3 = 380 \ \text{V}$$

在这种情况下,L_2 相与 L_3 相的电灯组上所加的电压都超过电灯的额定电压(220 V),这是不容许的。

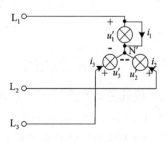

图 3.2.7 例 3.2.2 的电路

【例 3.2.3】　在例 3.2.1 中,①L_1 相断开时,②L_1 相断开而中性线也断开时(图 3.2.8)各相负载上的电压。

【解】　①L_2 相和 L_3 相未受影响。

②这时电路已成为单相电路,即 L_2 相的电灯组和 L_3 相的电灯组串联,接在线电压 $U_{23}=380$ V 的电上,两相电流相同。至于两相电压如何分配,决定于两相的电灯组电阻。如果 L_2 相的电阻比 L_3 相的电阻小,则其相电压低于电灯的额定电压,而 L_3 相的电压可能高于电灯的额定电压。这是不容许的。

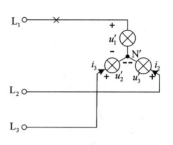

图 3.2.8　例 3.2.3 的电路

上面所举的几个例子可以看出:

①负载不对称而又没有中性线时,负载的相电压就不对称。当负载的相电压不对称时,势必引起有的相电压过高,高于负载的额定电压;有的相电压过低,低于负载的额定电压。这都是不容许的。三相负载的相电压必须对称。

②中性线的作用就在于使星形连接的不对称负载的相电压对称。为了保证负载的相电压对称,就不应让中性线断开。因此,中性线(指干线)内不应接入熔断器或闸刀开关。

【例 3.2.4】　有一星形连接的三相负载,每相的电阻 $R=6$ Ω,$X_L=8$ Ω。电源电压对称,设 $u_{12}=380\sqrt{2}\sin(\omega t+30°)$ V,试求电流(参考图 3.2.5)。

【解】　因为负载对称,只需计算一相(譬如 L_1 相)即可。

由图 3.1.5 的相量图可知,$U_1=\dfrac{U_{12}}{\sqrt{3}}=\dfrac{380}{\sqrt{3}}$ V $=220$ V,u_1 比 u_{12} 滞后 $30°$,即

$$u_1=220\sqrt{2}\sin\omega t \text{ V}$$

L_1 相电流　$I_1=\dfrac{U_1}{|Z_1|}=\dfrac{220}{\sqrt{6^2+8^2}}$ A $=22$ A

i_1 比 u_1 滞后 φ 角,即

$$\varphi=\arctan\dfrac{X_L}{R}=\arctan\dfrac{8}{6}=53°$$

所以　　$i_1=22\sqrt{2}\sin(\omega t-53°)$ A

因为电流对称,其他两相的电流为

$$i_2=22\sqrt{2}\sin(\omega t-173°) \text{ A}$$

$$i_3=22\sqrt{2}\sin(\omega t+67°) \text{ A}$$

3.2.2　三角形连接

负载三角形连接的三相电路一般可用图 3.2.9 电路表示。每相负载的阻抗模分别为 $|Z_{12}|$、$|Z_{23}|$、$|Z_{31}|$。电压和电流的参考方向都已在图中标出。

因为各相负载都直接接在电源的线电压上,所以负载的相电压与电源的线电压相等。因此不论负载对称与否,其相电压总是对称的,即

$$U_{12}=U_{23}=U_{31}=U_L=U_P \tag{3.2.6}$$

在负载三角形连接时,相电流和线电流是不一样的。各相负载的相电流的有效值分别

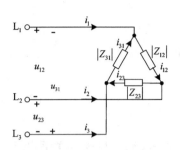

图 3.2.9　负载三角形
连接的三相电路

$$I_{12} = \frac{U_{12}}{|Z_{12}|}, \quad I_{23} = \frac{U_{23}}{|Z_{23}|}, \quad I_{31} = \frac{U_{31}}{|Z_{31}|}$$

$$(3.2.7)$$

各相负载的电压与电流之间的相位差分别为

$$\varphi_{12} = \arctan\frac{X_{12}}{R_{12}}, \varphi_{23} = \arctan\frac{X_{23}}{R_{23}}, \varphi_{31} = \arctan\frac{X_{31}}{R_{31}}$$

$$(3.2.8)$$

负载的线电流可应用基尔霍夫电流定律进行计算：

$$\left.\begin{array}{l} \dot{I}_1 = \dot{I}_{12} - \dot{I}_{31} \\ \dot{I}_2 = \dot{I}_{23} - \dot{I}_{12} \\ \dot{I}_3 = \dot{I}_{31} - \dot{I}_{23} \end{array}\right\}$$

$$(3.2.9)$$

如果负载对称，即

$$|Z_{12}| = |Z_{23}| = |Z_{31}| = |Z|, \varphi_{12} = \varphi_{23} = \varphi_{31} = \varphi$$

则负载的相电流也是对称的，即

$$I_{12} = I_{23} = I_{31} = I_P = \frac{U_P}{|Z|} \qquad (3.2.10)$$

$$\varphi_{12} = \varphi_{23} = \varphi_{31} = \varphi = \arctan\frac{X}{R}$$

至于负载对称时线电流和相电流的关系，可从根据式(3.2.9)作出的相量图（图 3.2.10）看出。显然，线电流也是对称的，在相位上比相应的相电流滞后30°。

线电流和相电流在大小上的关系，也很容易从相量图得出，即

$$I_L = \sqrt{3}I_P \qquad (3.2.11)$$

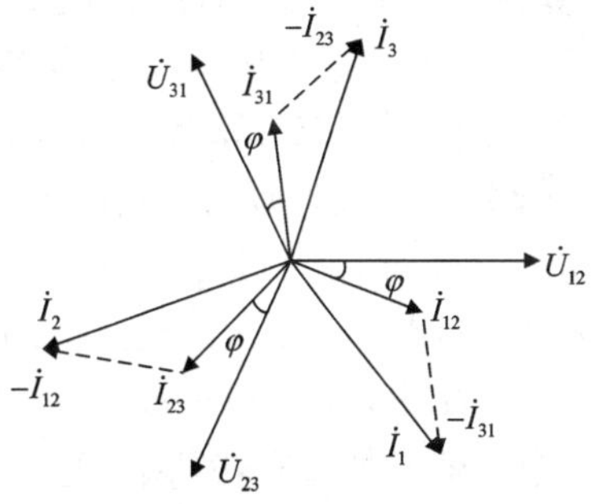

图 3.2.10　对称负载三角形连接
时电压和电流的相量图

三相电动机的绕组可以连接成星形，也可以连接成三角形，而照明负载一般都连接成星形（具有中性线）。

3.3　三相功率

3.3.1　三相功率表示法

无论负载是否对称，无论采用何种连接方式，三相总有功功率应等于各相有功功率的算术和，即

$$P = P_1 + P_2 + P_3 \qquad (3.3.1)$$

总无功功率应等于各相无功功率的代数和，即

$$Q = Q_1 + Q_2 + Q_3 \qquad (3.3.2)$$

总视在功率

$$S = \sqrt{P^2 + Q^2} \qquad (3.3.3)$$

如果负载对称，则各相的有功功率、无功功率均相等，即

$$P_1 = P_2 = P_3 = U_P I_P \cos \varphi$$

$$Q_1 = Q_2 = Q_3 = U_P I_P \sin \varphi$$

从而得到总有功功率、无功功率和视在功率与相电压、相电流的关系为

$$\left. \begin{array}{l} P = 3U_P I_P \cos \varphi \\ Q = 3U_P I_P \sin \varphi \\ S = 3U_P I_P \end{array} \right\} \qquad (3.3.4)$$

星形连接时，$U_L = \sqrt{3}\, U_P$，$I_L = I_P$；三角形连接时，$U_L = U_P$，$I_L = \sqrt{3}\, I_P$，将这些关系代入式（3.3.4），又得到负载对称时这三种功率与线电压和线电流的关系

$$\left. \begin{array}{l} P = \sqrt{3}\, U_L I_L \cos \varphi \\ Q = \sqrt{3}\, U_L I_L \sin \varphi \\ S = \sqrt{3}\, U_L I_L \end{array} \right\} \qquad (3.3.5)$$

上述各式中 $\cos \varphi$ 是一相负载的功率因数。

【例3.3.1】 有一台三相电阻加热炉，功率因数等于1，星形连接。另有一台三相交流电动机，功率因数等于0.8，三角形连接。共同由线电压为 380 V 的三相电源供电，它们消耗的有功功率分别为 75 kW 和 36 kW。求电源的线电流。

【解】 按题意画出电路图如图3.3.1所示。电阻炉的功率因数 $\cos \varphi_1 = 1$，$\varphi_1 = 0°$，故无功功率 $Q = 0$。电动机的功率因数 $\cos \varphi_2 = 0.8$，$\varphi_2 = 36.9°$，故无功功率为

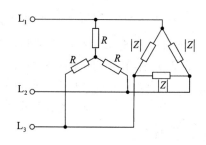

$$Q_2 = P_2 \tan \varphi_2 = 36 \times \tan 36.9° \text{ kvar} = 27 \text{ kvar}$$

电源输出的总有功功率、无功功率和视在功率为

$$P = P_1 + P_2 = (75 + 36) \text{ kW} = 111 \text{ kW}$$

$$Q = Q_1 + Q_2 = (0 + 27) \text{ kvar} = 27 \text{ kvar}$$

$$S = \sqrt{P^2 + Q^2} = \sqrt{111^2 + 27^2} \text{ kV} \cdot \text{A} = 114 \text{ kV} \cdot \text{A}$$

图 3.3.1 例3.3.1 的电路图

由此求得电源的线电流为

$$I_L = \frac{S}{\sqrt{3}\, U_L} = \frac{114 \times 10^3}{1.73 \times 380} \text{A} = 173 \text{ A}$$

3.3.2 三相功率的测量

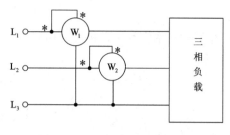

图 3.3.2 二瓦计法测量线路图

在三相三线制电路中，不论负载接成星形还是三角形，也不论负载对称与否，都可以使用两个功率表测量三相功率。两个功率表的一种连接方式是二瓦计法，测量线路图如图3.3.2所示。两个功率表的电流线圈分别串接在任意两根相线中（图3.3.2所示为 L_1、L_2 两相线），两个功率表的电压线圈的非电源端（非＊端）连接到非电流线圈所在的第三条相线上（图3.3.2所示为 L_3 相线），两个电压线圈的另一端（＊端）分别与电流线圈的 ＊端连接。在这种测量方法中功率表的接线

只触及相线而与负载和电源的连接方式无关。此时,两个功率表读数的代数和等于三相负载的平均功率之和。

可以证明图 3.3.2 中两个功率表读数的代数和为三相三线制中三相负载吸收的平均功率。

设两个功率表的读数分别为 P_1 和 P_2,则

$$P_1 = \frac{1}{T}\int_0^T u_{13}i_1\,\mathrm{d}t$$

$$P_2 = \frac{1}{T}\int_0^T u_{23}i_2\,\mathrm{d}t$$

式中:T 为周期。

由于 $u_{13} = u_1 - u_3, u_{23} = u_2 - u_3, i_1 + i_2 = -i_3$,因此

$$
\begin{aligned}
P_1 + P_2 &= \frac{1}{T}\int_0^T (u_{13}i_1 + u_{23}i_2)\,\mathrm{d}t \\
&= \frac{1}{T}\int_0^T \left[(u_1 - u_3)i_1 + (u_2 - u_3)i_2\right]\mathrm{d}t \\
&= \frac{1}{T}\int_0^T \left[u_1 i_1 + u_2 i_2 - u_3(i_1 + i_2)\right]\mathrm{d}t \\
&= \frac{1}{T}\int_0^T \left[u_1 i_1 + u_2 i_2 + u_3 i_3\right]\mathrm{d}t \\
&= \frac{1}{T}\int_0^T \left[p_1 + p_2 + p_3\right]\mathrm{d}t \\
&= P
\end{aligned}
$$

可见,两个功率表读数的代数和就是三相电路的三相平均功率。

测量三相四线制电路的有功功率不能采用二瓦计法,因为在一般情况下,$i_1 + i_2 + i_3 \neq 0$。当负载不对称时,可用一只功率表分别测量 L_1 相、L_2 相、L_3 相电路的有功功率,取其总和就是三相四线制电路的有功功率。当负载对称时,只需要测量单相功率,三相功率为单相功率的 3 倍。

习　　题

3.1　有一电源和负载都是星形连接的对称三相电路,已知电源相电压为 220 V,负载每相阻抗模 $|Z| = 10$ Ω,试求负载的相电流和线电流及电源的相电流和线电流。

3.2　有一电源和负载都是三角形连接的对称三相电路,已知电源相电压为 220 V,负载每相阻抗模 $|Z| = 10$ Ω,试求负载的相电流和线电流及电源的相电流和线电流。

3.3　有一三相四线制照明电路,相电压为 220 V,已知三个相的照明灯组分别由 30、40、50 只白炽灯并联组成,每只白炽灯的功率都是 100 W,求三个线电流和中性线电流的有效值。

3.4　图 3.01 所示是三相四线制电路,电源线电压 $U_L = 380$ V。三个电阻性负载连接成星形,其电阻为 $R_1 = 11$ Ω,$R_2 = R_3 = 22$ Ω。(1)试求负载相电压、相电流及中性线电流,并作出它们的相量图;(2)如无中性线,当 L_1 相短路时求各相电压和电流,并作出它们的相量图;(3)如无中性线,当 L_3 相断路时求另外两相的电压和电流;(4)在(2)、(3)中如有中性线,则又如

何?

　　3.5　有三个相同的电感性单相负载,额定电压为 380 V,功率因数为 0.8,在此电压下单相负载消耗的有功功率为 1.5 kW。把它接到线电压 380 V 的对称三相电源上,试问应采用什么连接方法? 负载的有功功率、无功功率和视在功率是多少?

　　3.6　有一台三相电阻炉,每相电阻为 14 Ω,接于线电压为 380 V 的对称三相电源上,试求连接成星形和三角形两种情况下负载的线电流和有功功率。

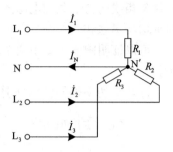

图 3.01　习题 3.4 的电路

　　3.7　电路如图 3.02 所示。在 220/380 V 低压供电系统中,分别接有 30 只日光灯和一台三相电动机,已知每只日光灯的额定值为: $U_N = 220$ V, $P_N = 40$ W, $\cos \varphi_N = 0.5$,日光灯分三组均匀接入三相电源。电动机的额定电压为 380 V,输入功率为 3 kW,功率因数为 0.8,三角形连接,求电源供给的线电流。

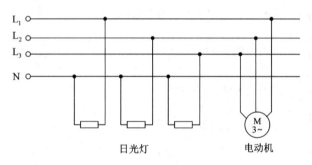

图 3.02　习题 3.7 的电路

　　3.8　在图 3.03 所示的电路中,三相四线制电源电压为 380/220 V,接有对称星形连接的白炽灯负载,其总功率为 180 W。此外,在 C 相上接有额定电压为 220 V、功率为 40 W、功率因数 $\cos \varphi = 0.5$ 的日光灯一只。试求电流 $\dot{I}_1$、$\dot{I}_2$、$\dot{I}_3$ 及 $\dot{I}_N$。设 $\dot{U}_1 = 220 \angle 0°$ V。

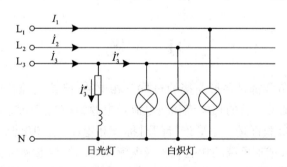

图 3.03　习题 3.8 的电路

第 4 章　磁路和变压器

变压器是电力系统中不可缺少的电气设备,在电子技术和其他方面也有广泛的应用。学习变压器不仅要掌握电路的基本理论,还要具备磁路的基本知识。因此,本章先介绍磁路,然后介绍电磁铁,最后再讨论变压器。

4.1　磁路

4.1.1　磁场的基本物理量

磁场是由电流产生的,磁场可形象地用磁力线描绘。磁力线是闭合的曲线,且与闭合电路相交链。磁力线的方向与产生该磁场电流的方向符合右手螺旋定则。磁力线上每一点的切线方向即为该点磁场的方向,磁力线的疏密程度反映了该处磁场的强弱。磁力线是一组间距相等的平行线时,则这样的磁场称为均匀磁场。

在对磁场进行分析和计算时,常用到以下几个物理量。

1. 磁通

磁场中穿过某一截面积 A 的磁力线数称为通过该面积的磁通[量],用 Φ 表示,单位为韦[伯](Wb)。

2. 磁感应强度

磁感应强度是描述介质中实际的磁场强弱和方向的物理量。它是一个矢量,用 B 表示。其数值 B 表示磁场的强弱,其方向表示磁场的方向。在均匀磁场中,若通过与磁力线垂直的某面积 A 的磁通为 Φ,则

$$B = \frac{\Phi}{A} \tag{4.1.1}$$

上式说明,磁感应强度在数值上就是与磁场方向垂直的单位面积上通过的磁通,故磁感应强度又称为磁通密度,单位为特[斯拉](T)。在式(4.1.1)中,A 的单位为平方米(m^2)。

3. 磁场强度

磁场强度是进行磁场计算时引进的另一个物理量。磁场强度是一个矢量,用 H 表示。其方向与 B 的方向相同,即磁场的方向。其数值 H 并非介质中某点磁场强弱的实际值,H 与 B 不相等。这可通过电流在无限大均匀介质中所产生的磁场为例来说明它们的区别。在该磁场中,除电流产生的磁场外,介质被磁化后还会产生附加磁场。H 与 B 的主要区别是:H 代表电流本身所产生的磁场的强弱,它反映了电流的励磁能力,其大小只与产生该磁场的电流大小成正比,与介质的性质无关;B 代表电流所产生的以及介质被磁化后所产生的总磁场的强弱,其大小不仅与电流的大小有关,而且还与介质的性质有关。H 相当于激励,B 相当于响应。H 的

单位为安[培]每米(A/m)。

4. 磁导率

磁感应强度 B 与磁场强度 H 之比称为磁导率,用 μ 表示,即

$$\mu = \frac{B}{H} \tag{4.1.2}$$

它是衡量物质导磁能力的物理量,单位是亨每米(H/m)。

真空的磁导率为一常数,用 μ_0 表示,其值为:　　$\mu_0 = 4\pi \times 10^{-7}$ H/m

任意一种物质的磁导率 μ 和真空的磁导率 μ_0 的比值,称为该物质的相对磁导率 μ_r,

即　　$\mu_r = \dfrac{\mu}{\mu_0}$ (4.1.3)

4.1.2　物质的磁性质

按磁导率不同,自然界的物质大体上可分为两大类:磁性物质和非磁性物质。

非磁性物质或称非铁磁物质,磁导率 μ 近似等于真空磁导率 μ_0。它又分为顺磁物质和反磁物质两种。顺磁物质(例如变压器油和空气)的 μ 略大于 μ_0;反磁物质(例如铜和铋)的 μ 略小于 μ_0。工程上把非磁性物质的都看成等于 μ_0。

磁性物质或称铁磁物质,归纳起来主要有以下性质。

1. 高导磁性

磁性物质的 $\mu \gg \mu_0$,两者之比可达数百至数万。例如,铸钢的 μ 约为 μ_0 的 1 000 倍,硅钢片的 μ 约为 μ_0 的 6 000 ~ 7 000 倍,坡莫合金的 μ 是 μ_0 的几万倍。

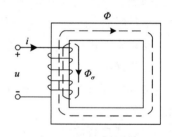

图 4.1.1　磁路

磁性物质的这一性质被广泛地应用于变压器和电机中。变压器和电机是利用磁场实现能量转换的装置。它们的磁场除某些微型电机是用永久磁铁产生以外,在大多数情况下,都是由通过线圈的电流产生的,而这些线圈都是绕在磁性材料(称为铁芯)上的。采用铁芯的结果,在同样的电流下,铁芯中的 B 和 Φ 将大大增加,而且比铁芯外的 B 和 Φ 大很多。这样,一方面可以利用较小的电流产生较强的磁场;另一方面,可以使绝大部分磁通集中在由磁性物质所限定的空间内。于是,如图 4.1.1 所示,电流通过线圈时所产生的磁通可以分为以下两部分:大部分经铁芯而闭合的磁通 Φ 称为主磁通;小部分经空气等非磁性物质而闭合的磁通 Φ_σ 称为漏磁通。在本书中,为分析简单,漏磁通常常忽略不计。大量磁通集中通过的路径,即主磁通通过的路径称为磁路。在这种情况下,研究电流与它所产生磁场的问题便可简化为磁路的分析和计算了。

2. 磁饱和性

磁性物质的磁导率 μ 不但远大于 μ_0,而且不是常数,即 B 与 H 不成正比。两者的关系一般很难用准确的数学式表达,都是用实验方法测绘出来的,称为 $B-H$ 曲线或磁化曲线。

当磁场强度 H 由零逐渐上升时,磁感应强度 B 从零增加的过程如图 4.1.2 所示。这条 $B-H$ 曲线称为初始磁化曲线或起始磁化曲线,在 H 比较小时,B 差不多与 H 成正比地增加;当 H 增加到一定值后,B 的增加缓慢下来,到后来随着 H 的继续增加,B 却增加得很少。这种现象称为磁饱和现象。

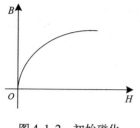

图 4.1.2　初始磁化

磁饱和曲线的存在使得磁路分析成为非线性分析,因而要比线性电路的分析复杂。

3. 磁滞性

磁性物质都具有保留磁性的倾向,因而 B 的变化总是滞后于 H 的变化,这种现象称为磁滞现象。当线圈中通入交流电流时,如果开始时铁芯中的 B 随 H 从零沿起始磁化曲线增加,最后,随着与电流成正比的 H 的反复交变,B 将沿着图 4.1.3 所示的称为磁滞回线的闭合曲线变化。

当 H 降为零时,铁芯的磁性并未消失,它所保留的磁感应强度 B_r 称为剩磁强度。永久磁铁的磁性就是由 B_r 产生的。当 H 反向增加至 $-H_c$ 值时,铁芯中的剩余磁性才能完全消失,使 $B=0$ 的 H 值称为矫顽磁力 H_c。选取不同值的一系列 H_m 多次交变磁化,可得到一系列磁滞回线,如图 4.1.4 所示。这些磁滞回线的正顶点与原点连成的曲线称为基本磁化曲线或标准磁化曲线,通常都是用它来表征物质的磁化待性,是分析计算磁路的依据。

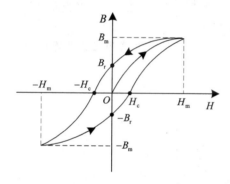

图 4.1.3　磁滞回线

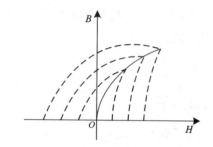

图 4.1.4　基本磁化曲线

按磁滞回线的不同,磁性物质又可分为硬磁物质、软磁物质和矩磁物质三种。

硬磁物质的磁滞回线很宽,B_r 和 H_c 都很大,如钴钢、铝镍钴合金和钕铁硼合金等,常用来制造永久磁铁。

软磁物质的磁滞回线很窄,B_r 和 H_c 都很小,如软铁、硅钢、坡莫合金和铁氧体等,常用来制造变压器、电机和接触器等的铁芯。

矩磁物质的 B_r 大、H_c 小,磁滞回线接近矩形,稳定性良好,如镁锰铁氧体(磁性陶瓷)和某些铁镍合金等,在计算机和控制系统中可用作记忆元件、开关元件和逻辑元件。表 4.1.1 列出了一些磁性材料的磁性质的相关参数。

表 4.1.1　常用磁性材料的最大相对磁导率、剩磁及矫顽磁力

材料名称	μ_{max}	B_r/T	$H_c/(A/m)$
铸铁	200	0.475 ~ 0.500	880 ~ 1 040
硅钢片	8 000 ~ 10 000	0.800 ~ 1.200	32 ~ 64
坡莫合金 (78.5% Ni)	20 000 ~ 200 000	1.100 ~ 1.400	4 ~ 24
碳钢(0.45% C)		0.800 ~ 1.100	2 400 ~ 3 200

续表

材料名称	μ_{max}	B_r/T	$H_c/(\text{A/m})$
铁镍铝钴合金		1.100 ~ 1.350	40 000 ~ 52 000
稀土钴		0.600 ~ 1.000	320 000 ~ 690 000
稀土钕铁硼		1.100 ~ 1.300	600 000 ~ 900 000

4.1.3 磁路欧姆定律

磁路欧姆定律是分析磁路的基本定律。今以图 4.1.5 所示磁路介绍定律的内容。

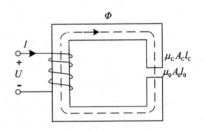

图 4.1.5 磁路欧姆定律

该磁路是由铁芯和空气隙两部分组成。设铁芯部分各处材料相同、截面积相等。铁芯截面用 A_c 表示,磁路的平均长度即中心线的长度为 l_c,其中空气隙部分的磁路截面积为 A_0,长度为 l_0。由于磁力线是连续的,通过该磁路各截面积的磁通相同,而且磁力线分布是均匀的,故铁芯和空气隙两部分的磁感应强度和磁场强度的数值分别为

$$B_c = \frac{\Phi}{A_c}$$

$$B_0 = \frac{\Phi}{A_0}$$

$$H_c = \frac{B_c}{\mu_c} = \frac{\Phi}{\mu_c A_c}$$

$$H_0 = \frac{B_0}{\mu_0} = \frac{\Phi}{\mu_0 A_0}$$

在物理学中已学过全电流定律,内容是:在磁路中,沿任一闭合路径磁场强度的线积分等于与该闭合路径交链的电流的代数和。用公式表示即

$$\oint H \mathrm{d}l = \sum I \qquad (4.1.4)$$

当电流的方向与闭合路径的积分方向符合右手螺旋定则时,电流取正号,反之取负号。将此定律应用于图 4.1.5 所示磁路,取其中心线处的磁力线回路为积分回路。由于中心线上各点的 H 方向与 I 方向一致,铁心中各点的 H_c 是相同的,空气隙中各点的 H_0 也是相同的,故式 (4.1.4) 左边为

$$\oint H \mathrm{d}l = H_c l_c + H_0 l_0 = \left(\frac{l_c}{\mu_c A_c} + \frac{l_0}{\mu_0 A_0} \right) \Phi$$

令

$$R_{mc} = \frac{l_c}{\mu_c A_c}$$

$$R_{m0} = \frac{l_0}{\mu_0 A_0}$$

$$R_{\mathrm{m}} = R_{\mathrm{mc}} + R_{\mathrm{m0}} = \frac{l_c}{\mu_c A_c} + \frac{l_0}{\mu_0 A_0} \tag{4.1.5}$$

式中：R_{mc}、R_{m0}、R_{m} 分别称为铁芯、空气隙和磁路的磁阻。

而式(4.1.4)右边的 $\sum$ 等于线圈的匝数 N 与电流 I 的乘积，即

$$\sum I = NI = F$$

F 称为磁路的磁动势。因此

$$R_{\mathrm{m}} \Phi = F$$

或者写成

$$\Phi = \frac{F}{R_{\mathrm{m}}} \tag{4.1.6}$$

此式为磁路欧姆定律。

尽管 $\mu_0 \ll \mu_{\mathrm{C}}$，$l_0$ 很小，但 R_{m0} 仍然可以比 R_{mc} 大得多。因此，当磁路中有空气隙存在时，磁路的磁阻 R_{m} 将显著增加。若磁动势 NI 一定，则磁路中的磁通 Φ 将减小。反之，若要保持磁路中的磁通一定，则磁动势就应增加。可见，磁路中应尽量减少非必要的空气隙。

4.2　交流铁芯线圈

4.2.1　交流铁芯线圈的工作原理

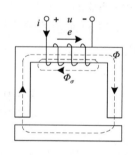

图 4.2.1　交流电磁铁

图 4.2.1 是一个交流铁芯线圈电路。当铁芯线圈两端加上交流电压 u 时，线圈中通过交流电流 i，它将产生交变的磁通。其中，绝大部分是主磁通 Φ，很小部分是漏磁通 Φ_σ。交变的主磁通会在线圈中产生感应电动势 e。图中 u、i、e 参考方向的规定与第 2 章电感元件中的规定相同。由于磁性物质的磁导率 μ 不是常数，B 与 H 不成正比，而 B 正比于 Φ，H 正比于 i，所以主磁通对应的电感

$$L = \frac{N\Phi}{i}$$

是非线性电感。这时 e 的大小和相位可以直接由电磁感应定律分析。

设

$$\Phi = \Phi_{\mathrm{m}} \sin \omega t$$

则

$$\begin{aligned}
e &= -N \frac{\mathrm{d}\Phi}{\mathrm{d}t} = -N \frac{\mathrm{d}}{\mathrm{d}t}(\Phi_{\mathrm{m}} \sin \omega t) \\
&= -\omega N \Phi_{\mathrm{m}} \cos \omega t = 2\pi f N \Phi_{\mathrm{m}} \sin(\omega t - 90°) \\
&= E_{\mathrm{m}} \sin(\omega t - 90°)
\end{aligned}$$

可见在相位上，e 滞后于主磁通 Φ 90°；在数值上，它的有效值为

$$E = \frac{E_{\mathrm{m}}}{\sqrt{2}} = \frac{2\pi f N \Phi_{\mathrm{m}}}{\sqrt{2}} = 4.44\, N f \Phi_{\mathrm{m}} \tag{4.2.1}$$

用相量表示,即

$$\dot{E} = -\mathrm{j}4.44Nf\dot{\Phi}_m \qquad (4.2.2)$$

电流通过线圈时,除产生主磁通外,还会产生少量的漏磁通 Φ_σ,在电感线圈上会产生漏阻抗。一般情况下漏阻抗可忽略不计,故有

$$\dot{U} = -\dot{E} = \mathrm{j}4.44Nf\dot{\Phi}_m \qquad (4.2.3)$$

由式(4.2.3)可知

$$\Phi_m = \frac{U}{4.44Nf} \qquad (4.2.4)$$

可见,在 U 和 f 一定时,主磁通 Φ 在交流铁芯线圈电路中也基本上不变。

4.2.2 交流铁芯线圈的功率损耗

在交流铁心线圈中的功率损耗 ΔP 包括两部分:一部分是线圈电阻上的功率损耗,称为铜损耗 ΔP_{Cu},简称铜损,其值为

$$\Delta P_{\mathrm{Cu}} = RI^2 \qquad (4.2.5)$$

另一部分是交变的磁通在铁芯中产生的功率损耗,称为铁损耗 ΔP_{Fe},简称铁损。

铁损包括以下两部分。

1)磁滞损耗 ΔP_h 磁性物质被交变磁化时是要消耗能量的。在物理学中曾经学过,磁性物质反复磁化一周期时消耗的能量与磁滞回线的面积成正比。这种由磁滞现象在铁芯中产生的功率损耗称为磁滞损耗。

2)涡流损耗 ΔP_e 磁性物质不仅是导磁材料,又是导电材料。在交变磁场的作用下,铁芯中也会产生感应电动势,从而在垂直磁通方向的铁芯平面内产生如图4.2.2(a)所示的漩涡状的感应电流,称为涡流。涡流在铁芯内所产生的功率损耗称为涡流损耗。

综上所述,这些功率损耗的关系为

$$\Delta P_{\mathrm{Fe}} = \Delta P_h + \Delta P_e \qquad (4.2.6)$$

$$\Delta P = \Delta P_{\mathrm{Cu}} + \Delta P_{\mathrm{Fe}} \qquad (4.2.7)$$

铜损耗会使线圈发热,而铁损耗会使铁芯发热。为了减小磁滞损耗,铁芯应选用软磁材料做成,如硅钢。因软磁材料的磁滞回线面积小,磁滞损耗小。为了减小涡流损耗,一方面可把整块的铁芯改由如图4.2.2(b)所示的顺着磁场方向彼此绝缘的薄钢片叠成,使涡流限制在较小的截面积内以减小涡流和涡流损耗;另一方面,选用电阻率较大的磁性材料(如硅钢)也可以减小涡流和涡流损耗。

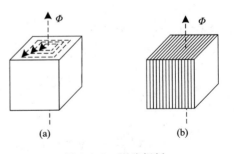

图 4.2.2 涡流损耗

(a)涡流;(b)硅钢片叠成的铁芯

4.3 电磁铁

电磁铁是利用电磁力实现某一机械动作的多用途电磁元件。人们既可以用它来提放钢铁材料、夹持工件或抱闸制动,还可以把它做成各种自动控制电器,例如液压系统中的电磁阀、自动控制系统中的继电器和接触器等。

电磁铁的结构类型多种多样,图 4.3.1 所示是常见的几种。它们都是由线圈、铁芯和衔铁三个主要部分组成。工作时,线圈中通入电流以产生磁场,因而线圈称为励磁线圈,通入的电流称为励磁电流。铁芯通常固定不动,而衔铁则是活动的。线圈通电以后,衔铁即被吸向铁芯,从而可以带动某一机构产生相应的动作,执行一定的任务。

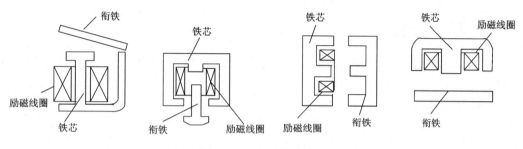

图 4.3.1 电磁铁的结构

电磁铁按励磁电流种类不同,可分为直流电磁铁和交流电磁铁。下面分别讨论。

4.3.1 直流电磁铁

1. 直流铁芯线圈电路

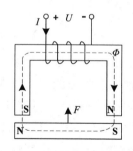

图 4.3.2 直流电磁铁

图 4.3.2 是一直流电磁铁的原理图。直流电磁铁的电路是一个直流铁芯线圈电路。工作时,励磁线圈加上直流电压,直流电流通过励磁线圈产生不随时间变化的恒定磁通,不会在线圈中产生感应电动势。换句话说,线圈的电感在直流电路中相当于短路,线圈的电流 I 只与线圈电压 U 和电阻 R 有关,即

$$I = \frac{U}{R} \tag{4.3.1}$$

电路消耗的功率也只有线圈电阻消耗的功率, 即

$$P = UI = RI^2 = \frac{U^2}{R} \tag{4.3.2}$$

2. 电磁吸力

电磁铁的吸力是它的主要参数之一。吸力的大小与气隙的截面积 S_0 及气隙中磁感应强度 B_0 的平方成正比。计算吸力的基本公式为

$$F = \frac{10^7}{8\pi} B_0^2 S_0 \tag{4.3.3}$$

式中,B_0 的单位是特 [斯拉] (T);S_0 的单位是平方米(m^2);F 的单位是牛 [顿] (N),是国际单位制力的单位。

线圈通电后,产生主磁通 Φ,铁芯和衔铁被磁化,在它们的两端形成 N 极和 S 极,从而产生电磁吸力 F。Φ 越大,则 B 越大,电磁吸力也越大。

在衔铁吸合前和吸合后,直流电磁铁电磁吸力的大小是不同的。若不考虑衔铁吸合瞬间的过渡过程,则由式(4.3.1)可知:衔铁吸合前后电流不会变化,因而磁路的磁动势也不会变化。但是,衔铁在吸合前,有空气隙存在,磁路的磁阻大。吸合后,空气隙消失,磁路的磁阻小。由磁路欧姆定律可知,衔铁吸合后磁路中的磁通要比吸合前大得多,因而吸合后的电磁吸力也比吸合前大得多。

3.结构特点

直流电磁铁的铁芯一般都用整块的铸钢、软钢或工程纯铁制成。为加工方便,套有线圈部分的铁芯常做成圆柱形,线圈绕成圆筒形。

4.3.2　交流电磁铁

4.3.3 是交流电磁铁结构示意图。在交流电磁铁中,磁场是交变的。设

$$B_0 = B_m \sin \omega t$$

则吸力为

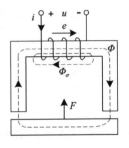

图 4.3.3　交流电磁铁

$$f = \frac{10^7}{8\pi}B_m^2 S_0 \sin^2 \omega t = \frac{10^7}{8\pi}B_m^2 S_0 \frac{1 - \cos 2\omega t}{2}$$

$$= F_m\left(\frac{1 - \cos 2\omega t}{2}\right) = \frac{1}{2}F_m - \frac{1}{2}F_m\cos 2\omega t \qquad (4.3.4)$$

式中,$F_m = \frac{10^7}{8\pi}B_m^2 S_0$,是吸力最大值。在实际计算时只考虑吸力的平均值,即

$$F = \frac{1}{T}\int_0^T f dt = \frac{1}{2}F_m = \frac{10^7}{16\pi}B_m^2 S_0 (\text{N}) \qquad (4.3.5)$$

由式(4.3.4)可知,交流电磁铁电磁吸力的大小是随时间变化的,瞬时值 f 如图4.3.4所示。图中 F_m 是电磁吸力的最大值,F 是电磁吸力的平均值。交流电磁铁电磁吸力的大小通常是用平均吸力衡量的。由于衔铁在吸合前和吸合后,线圈电压的大小和频率没有变化,如前所述,主磁通的最大值基本不变。因此,电磁吸力的最大值 F_m 和平均值 F 也基本不变。但是,由于衔铁吸合前磁阻大,吸合后磁阻小,因此,吸合前的磁动势要比吸合后的磁动势大,亦即励磁电流在衔铁吸合前大,吸合后小。一般来说,交流电磁铁的启动电流(衔铁吸合前的电流)比工作电流(衔铁吸合后的电流)大几倍到十几倍。所以在衔铁频繁开、合的情况下,交流电磁铁励磁线圈中的冲击电流很大,励磁线圈容易因过热而损坏。因此交流电磁铁以及由它组成的继电器、接触器等每小时容许的操作次数在产品目录中有明确的规定,选用时必须注意。

为了减少铁损耗,交流电磁铁的铁芯和衔铁都是由 0.5 mm、0.35 mm、0.27 mm 或 0.22 mm 等硅钢片叠成的。

由于电磁吸力是脉动的,所以,会引起衔铁振动,这样既会产生噪音,又会造成机械磨损,降低电磁铁的使用寿命。为此,在交流电磁铁铁芯的一端部分嵌装一个闭合铜环,称为短路环或分磁环。当铁芯中的一部分交变磁通穿过短路环时,环内产生感应电动势而出现感应电流,

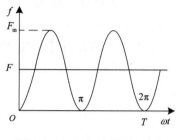

图 4.3.4 交流电磁铁的吸力

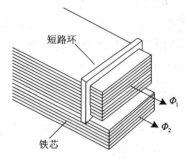

图 4.3.5 短路环

阻止磁通的变化,使它与铁芯中另一部分不穿过短路环的磁通之间出现相位差。于是这两部分磁通所产生的吸力不会同时为零,这样就可以消除衔铁的振动。

4.4 单相变压器

4.4.1 单相变压器的工作原理

变压器是利用电磁感应原理将某一电压的交流电变换成频率相同的另一电压的交流电的能量变换装置。

图 4.4.1 是具有两个线圈的单相变压器的结构示意图。图 4.4.2 是用图形符号表示的变压器的电路图。变压器和电机中的线圈往往是由多个线圈元件串并联组成的,通常称为绕组。

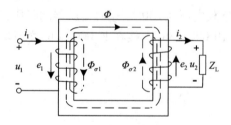

图 4.4.1 变压器的结构原理图

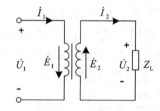

图 4.4.2 变压器电路原理图

工作时,接电源的绕组称为一次绕组,接负载的绕组称为二次绕组。为了加强两个绕组之间的磁耦合,它们都绕在铁芯上。现以上述变压器说明变压器的工作原理。

1. 电压变换

当一次绕组两端加上交流电压 u_1 时,绕组中通过交流电流 i_1,在铁芯中产生既与一次绕组交链,又与二次绕组交链的主磁通 Φ,还会产生少量仅与一次绕组交链的经空气等非磁性物质闭合的一次绕组漏磁通 $\Phi_{\sigma1}$。主磁通在一次绕组中产生感应电动势 e_1。由于一次绕组电路就是 4.2 节讨论的交流铁芯线圈电路,所以 u_1、i_1、e_1 等的参考方向的设定与交流铁芯线圈相同,而且它们的关系用相量表示应为

$$\dot{E}_1 = -\mathrm{j}4.44N_1f\Phi_m \tag{4.4.1}$$
$$\dot{U}_1 = -\dot{E}_1 + (R_1 + \mathrm{j}X_1)\dot{I}_1 = -\dot{E}_1 + Z_1\dot{I}_1 \tag{4.4.2}$$

式中:R_1、X_1 和 Z_1 为一次绕组的电阻、漏电抗和漏阻抗。

主磁通 Φ 除了在一次绕组中产生 e_1 外,还会在二次绕组中产生感应电动势 e_2,从而在二次绕组电路中产生了电流 i_2。在二次绕组的两端,即负载的两端产生电压 u_2。$\Phi_{\sigma 2}$ 是电流 i_2 通过二次绕组时产生的二次绕组的漏磁通。e_2 的参考方向与 Φ 的参考方向符合右手螺旋定则,i_2 的参考方向与 e_2 的参考方向一致,$\Phi_{\sigma 2}$ 的参考方向与 i_2 的参考方向符合右手螺旋定则,u_2 的参考方向与 i_2 的参考方向一致。因此,它们的关系用相量表示应为

$$\dot{E}_2 = -j4.44N_2 f\Phi_m \tag{4.4.3}$$

$$\dot{U}_2 = \dot{E}_2 - (R_2 + jX_2)\dot{I}_2 = \dot{E}_2 - Z_2\dot{I}_2 \tag{4.4.4}$$

$$\dot{U}_2 = Z_L\dot{I}_2 \tag{4.4.5}$$

式中:R_2、X_2 和 Z_2 为二次绕组的电阻、漏电抗和漏阻抗;Z_L 为负载阻抗。

变压器一、二次绕组的电动势之比称为变压器的变比,用 k 表示,即

$$k = \frac{E_1}{E_2} = \frac{N_1}{N_2} \tag{4.4.6}$$

在忽略 Z_1 和 Z_2 的情况下,由式(4.4.2)和式(4.4.4)可知,一、二次绕组的电压之比近似等于变压器的变比。尤其是变压器空载运行时(二次绕组不接负载),$I_2 = 0$,而一次绕组的电流(称为空载电流,用 I_0 表示)很小,一般不超过额定电流的10%。因此,$U_2 = E_2$,$U_1 \approx E_1$,这时一、二次绕组的匝数比更接近于变比,即

$$k = \frac{U_1}{U_2} = \frac{N_1}{N_2} \tag{4.4.7}$$

两绕组中,匝数多的绕组工作电压高,称为高压绕组,匝数少的绕组工作电压低,称为低压绕组。变压器铭牌上以分数形式标出的额定电压,通常都是指变压器在空载运行时高、低压绕组的电压。例如,某变压器的额定电压为 10 000/230 V,表示高压绕组为一次绕组,接在 10 000 V 的交流电源上,则低压绕组为二次绕组,空载电压为 230 V,这时变压器起降压作用。

【例4.4.1】 某单相变压器的额定电压为 10 000/230 V,接在 10 000 V 的交流电源上向一电感性负载供电,求变压器的电压比。

【解】 变压器的电压比为

$$k = \frac{U_{1N}}{U_{2N}} = \frac{10\ 000}{230} = 43.5$$

2. 电流变换

变压器工作时二次侧电流 I_2 的大小主要取决于负载阻抗 $|Z_L|$,而一次侧电流 I_1 的大小则取决于 I_2 的大小。这是因为从能量转换的角度来看,二次绕组向负载输出的功率,只能是由一次绕组从电源吸取,然后通过主磁通传递到二次绕组。因此,I_2 变化时,I_1 也会发生相应的变化。从电磁关系的角度来看,空载时,主磁通是由磁动势 $N_1\dot{I}_0$ 产生的;而有载时,主磁通是磁动势 $N_1\dot{I}_1$ 和 $N_2\dot{I}_2$ 共同产生的。由于 Z_1 很小,$U_1 \approx E_1$。由式(4.4.1)可知,在 U_1 不变的情况下,空载和有载时的 Φ_m 基本相同。根据磁路欧姆定律,空载和有载时磁路中的磁动势应基本相等,即

$$N_1\dot{I}_1 + N_2\dot{I}_2 = N_1\dot{I}_0 \tag{4.4.8}$$

此式称为变压器的磁动势平衡方程式。

由于空载电流 I_0 比额定电流小得多,故在满载或接近满载时,I_0 可忽略不计,一、二次绕组电流的有效值之比近似与它们的匝数成反比,即

$$\frac{I_1}{I_2} = \frac{N_2}{N_1} = \frac{1}{k} \tag{4.4.9}$$

可见变压器还具有电流变换的作用。变压器的额定电流在铭牌上也常以分数形式标出，其中数值小者为高压绕组的额定电流，数值大者为低压绕组的额定电流。

【例 4.4.2】　在例 4.4.1 的变压器中，$|Z_L| = 0.996\ \Omega$ 时，变压器正好满载，求该变压器的电流。

【解】　$I_2 = \dfrac{U_2}{|Z_L|} = \dfrac{230}{0.996}\ \mathrm{A} = 224\ \mathrm{A}$

$\qquad\quad I_1 = \dfrac{I_2}{k} = \dfrac{224}{43.5}\mathrm{A} = 5.15\ \mathrm{A}$

3. 阻抗变换

变压器还具有阻抗变换作用。如图 4.4.3(a)所示，当变压器的二次绕组接有阻抗模为 $|Z_L|$ 的负载时，如果一、二次绕组的漏阻抗和空载电流可以忽略不计，则

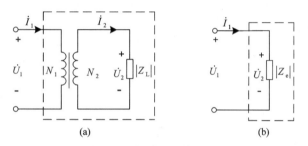

图 4.4.3　变压器的阻抗变换

(a)等效前的电路;(b)等效后的电路

$$|Z_L| = \frac{U_2}{I_2} = \frac{U_1/k}{kI_1} = \frac{1}{k^2}\frac{U_1}{I_1}$$

U_1 与 I_1 之比相当于从变压器一次绕组看进去的等效阻抗模 $|Z_e|$，如图 4.4.3(b)所示。故

$$|Z_e| = \frac{U_1}{I_1} = k^2|Z_L| \tag{4.4.10}$$

可见，该负载直接接电源时，阻抗模为 $|Z_L|$；通过变压器接电源时，相当于将阻抗模增加到 $|Z_L|$ 的 k^2 倍。匝数比不同，负载阻抗模 $|Z_L|$ 折算到(反映到)一次侧的等效阻抗 $|Z_e|$ 也不同。可以采用不同的匝数比把负载阻抗模变换为所需要的、比较合适的数值。这种做法通常称为阻抗匹配。在电子技术中，经常利用变压器的这一阻抗变换作用实现"阻抗匹配"。

图 4.4.4(a)电路为一个含源二端网络经过一个变压器向负载 Z_L 传输功率。当传输的功率较小(如通讯系统、电子电路中)而不必计较传输效率时，常常要研究使负载获得最大功率(有功)的条件。根据戴维南定理，该问题可以简化为图 4.4.4(b)等效电路进行研究。

设 $Z_e = R_e + jX_e$，$Z = R + jX$，则负载吸收的有功功率为

$$P = \frac{E^2 R_e}{(R + R_e)^2 + (X + X_e)^2}$$

如果 R_e 和 X_e 可以任意变动，而其他参数不变时，获得最大功率的条件为

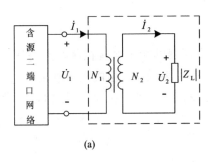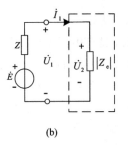

(a)　　　　　　　　　　　　　　　(b)

图 4.4.4　阻抗匹配

$$\left.\begin{aligned} &X + X_e = 0\\ &\frac{d}{dR_e}\left[\frac{(R+R_e)^2}{R_e}\right] = 0 \end{aligned}\right\}$$

解得

$$\left.\begin{aligned} &X = -X_e\\ &R = R_e \end{aligned}\right\}$$

即有

$$Z = R_e - jX_e = Z_e^* \tag{4.4.11}$$

此时获得的最大功率为

$$P_{max} = \frac{E^2}{4R} \tag{4.4.12}$$

式(4.4.11)是负载获得最大功率的条件,称为最佳匹配。

【例 4.4.3】　在图 4.4.5 中,交流信号源的电动势 $E = 120\ V$,内阻 $R_0 = 800\ \Omega$,负载电阻 $R_L = 8\ \Omega$。①R_L 折算到一次侧的等效电阻 $R_e = R_0$ 时,求变压器的匝数比和信号源输出的功率。②当将负载直接与信号源连接时,信号源输出多大功率?

【解】　①由式(4.4.10)求得变压器的匝数比为

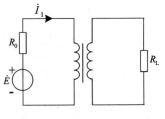

图 4.4.5　例 4.4.3 的图

$$k = \sqrt{\frac{R_e}{R_L}} = \sqrt{\frac{800}{8}} = 10$$

信号源的输出功率为

$$P = \left(\frac{E}{R_0 + R_e}\right)^2 R_e = \left(\frac{120}{800 + 800}\right)^2 \times 800\ W = 4.5\ W$$

②当将负载直接接在信号源上时

$$P = \left(\frac{E}{R_0 + R_L}\right)^2 R_L = \left(\frac{120}{800 + 8}\right)^2 \times 8\ W = 0.176\ W$$

4.4.2　变压器的外特性

变压器的二次绕组接有负载后,由式(4.4.4)等公式可以看出,负载变化引起 I_2 变化时,漏阻抗的电压降变化,U_2 将发生变化。在一次绕组电压 U_1 和负载功率因数 $\cos \varphi_2$ 保持不变的

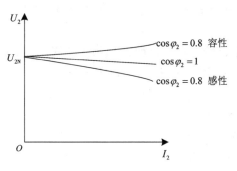

图 4.4.6　变压器的外特性

情况下,二次绕组电压 U_2 与电流 I_2 之间的关系 $U_2 = f(I_2)$ 称为变压器的外特性,用曲线表示如图 4.4.6 所示。变压器向电感性负载供电时,负载功率因数越低,U_2 下降越多。U_2 随 I_2 变化的程度通常用电压调整率表示。其定义为:在一次绕组电压为额定值、负载功率因数不变的情况下,变压器从空载到满载(电流等于额定电流)时二次绕组电压变化的数值($U_{2N} - U_2$)与空载电压(即额定电压)U_{2N} 的比值的百分数,用 $\Delta U\%$ 表示,即

$$\Delta U\% = \frac{U_{2N} - U_2}{U_{2N}} \times 100\% \qquad (4.4.13)$$

电力变压器的 $\Delta U\%$ 一般约为 2% ~ 3%。

【例 4.4.4】　在例 4.4.1 中,若电压调整率为 0.03,求空载和满载时的二次电压。

【解】　由题意知空载电压为 230 V,满载电压由式(4.4.13)求得

$$U_2 = U_{2N}(1 - \Delta U\%) = 230(1 - 0.03) \text{ V} = 223 \text{ V}$$

4.4.3　变压器的功率损耗及效率

变压器工作时,一、二次绕组的视在功率为

$$S_1 = U_1 I_1 \qquad\qquad (4.4.14)$$

$$S_2 = U_2 I_2 \qquad\qquad (4.4.15)$$

铭牌上给出的变压器容量是二次绕组的额定视在功率。不过通常一次绕组的额定视在功率也设计得与二次绕组相同。即

$$S_N = U_{2N} I_{2N} = U_{1N} I_{1N} \qquad\qquad (4.4.16)$$

变压器从电源输入的有功功率和向负载输出的有功功率分别为

$$P_1 = U_1 I_1 \cos \varphi_1 \qquad\qquad (4.4.17)$$

$$P_2 = U_2 I_2 \cos \varphi_2 \qquad\qquad (4.4.18)$$

两者之差为变压器的损耗,它包括铜损耗和铁损耗两部分,即

$$\Delta P = P_1 - P_2 = \Delta P_{Cu} + \Delta P_{Fe} \qquad\qquad (4.4.19)$$

铜损耗是电流通过一、二次绕组电阻时产生的损耗,故

$$\Delta P_{Cu} = R_1 I_1^2 + R_2 I_2^2 \qquad\qquad (4.4.20)$$

负载变化时,电流变化,铜损耗也随之变化,故铜损耗又称为可变损耗。

铁损耗是交变的主磁通在铁芯中产生的磁滞损耗和涡流损耗,即

$$\Delta P_{Fe} = \Delta P_h + \Delta P_e \qquad\qquad (4.4.21)$$

变压器工作时,一次绕组电压的有效值和频率不变,主磁通基本不变,铁损耗也基本上不变,故铁损耗又称为不变损耗。

变压器的效率用 η 表示,即

$$\eta = \frac{P_2}{P_1} \times 100\% = \frac{P_2}{P_2 + \Delta P} \times 100\% \qquad\qquad (4.4.22)$$

变压器在规定的 $\cos \varphi_2$(一般 $\cos \varphi_2 = 0.8$,电感性)下满载运行时的效率称为额定效率

η_N,它也是标志变压器运行性能的指标之一。小型电力变压器的额定效率为 80% ~ 90% ,大型电力变压器的额定效率可达 98% ~ 99% 。

【例 4.4.5】　一变压器容量为 10 kV·A,铁损为 300 W,满载时铜损为 400 W,求该变压器在满载情况下向功率因数为 0.8 的负载供电时输入和输出的有功功率及效率。

【解】　忽略电压变化率,则

$$P_2 = S_N \cos \varphi_2 = 10 \times 10^3 \times 0.8 \text{ W} = 8 \times 10^3 \text{ W} = 8 \text{ kW}$$

$$\Delta P = \Delta P_{Fe} + \Delta P_{Cu} = (300 + 400) \text{ W} = 700 \text{ W} = 0.7 \text{ kW}$$

$$P_1 = P_2 + \Delta P = (8\ 000 + 700) \text{ W} = 8\ 700 \text{ W} = 8.7 \text{ kW}$$

$$\eta = \frac{P_2}{P_1} \times 100\% = \frac{8}{8.7} \times 100\% = 92\%$$

4.4.4　变压器的基本结构

1.变压器的分类

变压器是一种变换电压的电器。

按用途不同,变压器可分为电力变压器、整流变压器、电焊变压器、船用变压器及电子技术中的电源变压器等。

按相数不同,变压器可分为单相变压器和三相变压器等。

按每相绕组数量的不同,变压器可分为双绕组变压器、三绕组变压器和自耦变压器等。

按结构类型不同,变压器可分为心式变压器和壳式变压器两种。心式变压器的特点是绕组包围铁芯,如图 4.4.7 所示。此类变压器用铁量较少、构造简单,绕组的安装和绝缘比较容易,多用于容量较大的变压器中。壳式变压器的特点是铁芯包围绕组,如图 4.4.8 所示。此类变压器用铜量较少,多用于小容量变压器中。

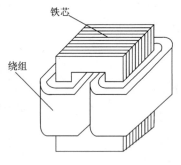

图 4.4.7　心式变压器

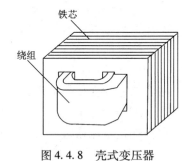

图 4.4.8　壳式变压器

按冷却方式不同,变压器可分为空气自冷式(干式)变压器、油浸自冷式变压器等。变压器工作时,绕组和铁芯都要发热,故需要考虑冷却问题。小容量变压器可采用空气自冷式,即通过绕组和铁芯直接将热量散失到周围空气中去。大、中容量的变压器则需采用专门的冷却措施。例如,将绕组和铁芯放在盛满变压器油的油箱中,热量靠油的对流作用传给油箱,通过油箱再散热到周围空气中去,为了增加散热面积,油箱外壁做有散热片或装有油管。这种冷却方式称为油浸自冷式。此外,大容量的变压器还可采用许多其他更多的冷却方式,例如采用强迫通风或强迫油循环等。

2. 变压器的结构

（1）铁芯

为了减少铁损耗，变压器的铁芯是用彼此绝缘的厚度为 0.35 mm、0.27 mm、0.22 mm、0.20 mm、0.08 mm 和 0.05 mm 的硅钢片叠成。近年来，一种磁导率大、铁损耗小、厚度更薄的非晶和微晶材料已在变压器中应用。铁芯中绕有绕组的部分称为铁芯柱，连接铁芯柱的部分称为铁轭。

（2）绕组

变压器的绕组用绝缘圆导线或扁导线绕成。实际变压器的高、低压绕组并非像图 4.4.1 所示那样分装在两个铁芯柱上，而是同心地套在同一铁芯柱上的。为绝缘方便，通常低压绕组在里面，靠近铁芯柱。高压绕组套在低压绕组外面。

（3）其他

除铁芯和绕组之外，因容量和冷却方式不同，还需要增加一些其他部件，例如外壳、油箱等。

4.4.5　绕组的极性

分析和比较两个或两个以上绕组中电流产生的磁场方向以及磁场变化产生的感应电动势的方向时都要涉及绕组的绕向。例如在图 4.4.9（a）中，两绕组绕向相同；在图 4.4.9（b）中，两绕组绕向相反。不管是哪一种情况，根据电流的方向和绕组的绕向，利用右手螺旋定则都可以判断出磁场的方向。如果两绕组中的电流都从图中所示的 U_1 和 u_1 端流入，从 U_2 和 u_2 端流出，或者都反之，它们所产生的磁场方向相同。这就是说，U_1 和 u_1 是这两个绕组的一组对应端，U_2 和 u_2 是另一组对应端。把这种对应端称为同极性端或同名端，即 U_1 和 u_1 是它们的一组同极性端，U_2 和 u_2 是另一组同极性端。而两个绕组中的非对应端，即 U_1 和 u_2 两端以及 U_2 和 u_1 两端称为异极性端或异名端。然而，在电路图和实物中常常看不出绕组的绕向，绕组的极性也就无从判断。为此，需要用一种标记反映绕组的极性。这种标记如图 4.4.10 所示，在两绕组对应的一端各标以小圆点（或其他符号）。这两个绕组上有标记的端点是它们的一组同极性端，无标记的端点是另一组同极性端；一个绕组上有标记的一端与另一个绕组上无标记的一端是它们的异极性端。当两绕组中的电流从同极性端流入时，产生的磁场方向相同，同方向的磁场都增强或都减弱时在两绕组中产生的感应电动势方向相同（指从一组同名端指向另一组同名端）。

在某些单相多绕组变压器中，接线时也要考虑和注意到绕组的极性问题。例如某些小容量的单相变压器，要求它们既能接在 110 V 交流电源上工作，也能接在 220 V 的交流电源上工作，而输出电压不变。这种变压器一次侧有两个额定电压为 110 V 的线圈，如图 4.4.11 所示。当电源电压为 110 V 时，两线圈的同极性端应并联；当电源电压为 220 V 时，两线圈的异极性端应串联。否则，电流从两线圈的异极性端流入，产生的磁场方向相反，主磁通为零，二次绕组中没有感应电动势和输出电压。更为严重的是一次绕组的感应电动势同样也为零，I_1 只受电阻 R_1 的限制，由于 R_1 很小，故 I_1 很大，很快就会将绕组烧坏。

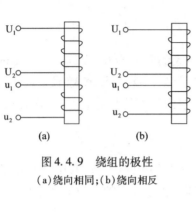

图 4.4.9　绕组的极性

(a)绕向相同;(b)绕向相反

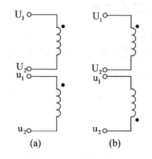

图 4.4.10　绕组极性的标记

(a)绕向相同;(b)绕向相反

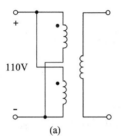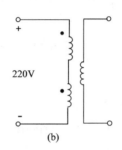

图 4.4.11　绕组的正确接法

(a)接在 110 V 交流电源上;(b)接在 220 V 交流电源上

4.5　三相变压器

4.5.1　三相变压器的工作原理

三相变压器的磁路系统可以分成各相磁路彼此无关和彼此有关的两类。

将三台相同的单相变压器的绕组按一定方式作三相连接,可组成三相组式变压器,如图 4.5.1(a)所示。这种变压器各相磁路是相互独立的,彼此无关。当一次绕组施加三相对称交流正弦电压时,三相主磁通 Φ_U、Φ_V、Φ_W 也是对称的,如图 4.5.1(b)所示。

如将三台单相变压器的铁芯合并成图 4.5.2(a)所示结构,通过中间铁芯柱的磁通便等于 U、V、W 三个铁芯柱磁通的总和(相量和)。设外施电压三相对称,则三相磁通的总和 $\Phi_U + \Phi_V + \Phi_W = 0$,于是,可将中间铁芯柱省去,形成图 4.5.2(b)所示的铁芯。为了使结构简单、制造方便并且体积较小、节省材料,将 U、V、W 三相铁芯柱的中心线布置在一个平面内,如图 4.5.2(c)所示。这就是三相心式变压器的铁芯。这种铁芯结构,两边两相磁路的磁阻比中间那相大。当外施电压三相对称时,各相磁通相等,但三相空载电流不相等。中间那相的空载电流较小,两边两相的相等但比中间的大,即 $\dot{I}_{0U} = \dot{I}_{0W} > \dot{I}_{0V}$。这种不对称情况在小容量变压器中较为明显。由于空载电流很小,故它对变压器运行性能并没有什么影响。这种心式的铁芯结构与三相组式变压器相比,优点是材料耗用少、价格便宜、占地面积小、维护较简单。所以,工程实

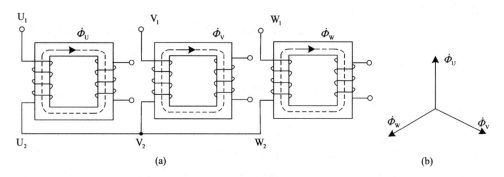

图 4.5.1　三相组式变压器

(a)磁路系统;(b)对称磁通

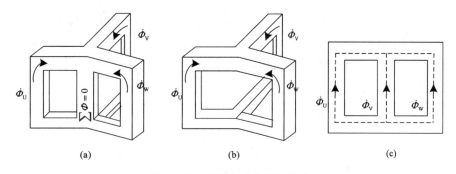

图 4.5.2　三相心式铁芯的构成

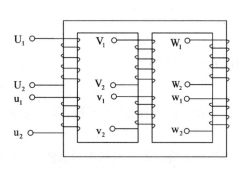

图 4.5.3　三相心式变压器

践中一般均采用三相心式变压器,如图 4.5.3 所示。只有在运输条件受到限制的情况下,才考虑采用三相组式变压器。

4.5.2　三相绕组的连接方式

根据变压器一次绕组、二次绕组对应电动势的相位关系,把变压器绕组的连接分成各种不同的组合,这些组合称为绕组的连接组。三相变压器绕组首、末端标志的规定如表 4.5.1 所示。

表 4.5.1　三相变压器绕组首、末端标志

绕组名称	三相变压器		中点
	首端	末端	
高压绕组	U_1、V_1、W_1	U_2、V_2、W_2	N
低压绕组	u_1、v_1、w_1	u_2、v_2、w_2	n

三相绕组无论是高压边或低压边,主要有如下两种常用的连接方法。

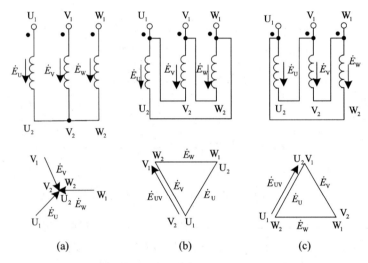

1. 星形连接法（Y 连接法）

将三相绕组的末端连在一起，作为中点，而将三个首端引出，便是星形连接，如图 4.5.4（a）所示。

2. 三角形连接法（△ 连接法）

将一相绕组的末端和另一相绕组的首端连在一起，顺次连成一个闭合回路，便是三角形连接，它有两种不同的连接顺序：

①$U_1U_2 - W_1W_2 - V_1V_2 - U_1U_2$，如图 4.5.4（b）所示；

②$U_1U_2 - V_1V_2 - W_1W_2 - U_1U_2$，如图 4.5.4（c）所示。

将图 4.5.4（b）、（c）两种不同 △ 连接进行对比时，可以看出它们的对应线电动势（例如 E_{UV}）之间有 60° 的相位差。

图 4.5.4　三相绕组连接法及其对应的电动势相量图
（a）Y 形连接；（b）△ 形连接；（c）另一种 △ 连接

在对称三相系统中，当绕组为 △ 连接时，线电压等于相电压；当绕组为 Y 连接时，线电压等于$\sqrt{3}$倍相电压。

三相变压器一次绕组接三相电源，二次绕组接三相负载。绕组的连接的表示方法是：高压绕组写在前面，用大写字母表示；低压绕组写在后面，用小写字母表示。其中星形又分为三线制和四线制两种，前者用 Y 或 y 表示，后者用 YN 或 yn 表示。三角形连接用 D 或 d 表示。

4.5.3　三相变压器的连接组

分析这个问题很重要，例如两台或多台三相变压器并联运行时，除了要知道一次、二次绕组的连接方法外，还必须知道一次、二次绕组对应的线电动势（或线电压）之间的相位关系，以便确定它们是否能并联运行。三相变压器的连接组就是用来表示上述相位关系的。

变压器的连接组采用时钟表示法，即把时钟的长针作为高压边线电动势的相量，令其指向钟面上的数字 12，把时钟的短针作为低压边对应线电动势的相量，它的钟面上所指的数字即为变压器的连接组别。

决定三相变压器连接组别的因素，除绕法与首端标志两个外，还要考虑到变压器的连接，故较为复杂一些,现说明如下。

1. Yy0 连接组

Yy0 连接组如图 4.5.5(a)所示,一次、二次绕组首端为同极性,则一次、二次绕组中相电动势同相位,从而其线电动势也必须同相位。可以用作相量图的方法求出连接组别,步骤如下:

①根据绕组的连接方法画出绕组接线图;

②画出一次绕组电动势相量图;

③任取二次绕组相电动势一个首端(如 u_1 端)使与对应的一次绕组的相电动势首端(如 U_1 端)相重合,根据一次、二次绕组各相电动势相对极性关系(如同极性端都标在首端或末端,则两个对应相电动势同相,否则反相)和二次绕组三相连接方法画出二次绕组相电动势相量图;

④比较一次、二次绕组对应的线电动势之间的相位关系,例如将一次绕组(高压边)线电动势 E_{UV} 置于钟面上 12 的位置,二次绕组(低压边)对应线电动势 E_{uv} 在钟面上所指的数字即为三相变压器的连接组别。显然 4.5.5(a)的连接组为 Yy0,而图 4.5.5(b)为相量图。

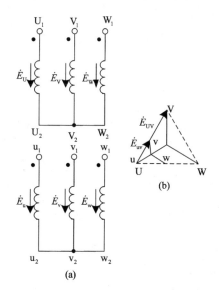

图 4.5.5　Yy0 连接组

(a)线路图;(b)相量图

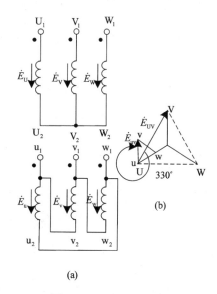

图 4.5.6　Yd 11 连接组

(a)线路图;(b)相量图

2. Yd11 连接组

Yd11 连接组如图 4.5.6(a)所示,一次、二次绕组的首端为同极性端,二次绕组串联次序为 $u_1u_2 - w_1w_2 - v_1v_2 - u_1u_2$,各相一次、二次绕组中相电动势同相位,但线电动势 E_{UV} 滞后 E_{uv} 相位 330°。若将 E_{UV}(长针)置于钟面上 12 的位置,则 E_{uv}(短针)在钟面上指向 11,所以,用 Yd11 表示这种连接组。图 4.5.6(b)为其电动势相量图。

不论是 Y/Y(或 Δ/Δ)连接法,还是 Y/Δ(或 Δ/Y)连接法,若一次绕组标志不变,而将二次绕组三相出线端标志依次向右轮换移动,例如将 u、v、w 标志依次改为 w、u、v,相应线电动势的相位差增加 120°,即相当增加"四个钟头"。Yy 0 连接组如这样移一次,就变成 Yy4 连接组。

当一次、二次绕组作相同联接时,例如 Y/Y(或 Δ/Δ)连法,改换二次绕组端点标志可以得到六种偶数组别;当一次、二次绕组作不同连接时,例如 Δ/Y(或 Y/Δ)接法,改换二次绕组端点标志可以得到六种奇数联接组,因此三相变压器共可得 12 种连接组。

4.5.4　标准连接组

　　连接组数目很多,对于变压器的制造和并联运行都很不方便,安装时也容易搞错。为了制造和运行方便,我国规定同一铁芯柱上的一次、二次绕组采用相同相号的标志字母。国家标准GB1094 - 71 规定了三相电力变压器五种标准连接组,它们是 Yyn0、Yd11、YNd11、YNy0 和Yy0,如表 4.5.2 所示。表 4.5.2 中三相变压器的前三种连接组最常用。

　　Yyn0 连接组的二次绕组有中线引出,成为三相四线制,可兼供动力负载(380 V)和照明负载(220 V)。

　　Yd11 连接组用于二次绕组电压超过 400 V 的线路中,与二次绕组接成 Δ,对运行有利。

　　YNd11 连接组主要用于 110 kV 及以上的高压输电网络中。电力系统高压侧中点可以接地。

表 4.5.2　三相变压器标准连接组

连接组		相量图		连接组
高压	低压	高压	低压	
				Yyn0
				Yd11
				YNd11

连接组		相量图		连接组
高压	低压	高压	低压	
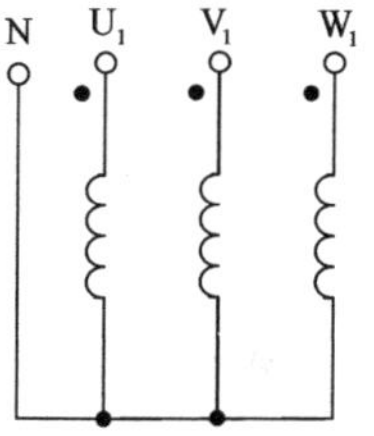	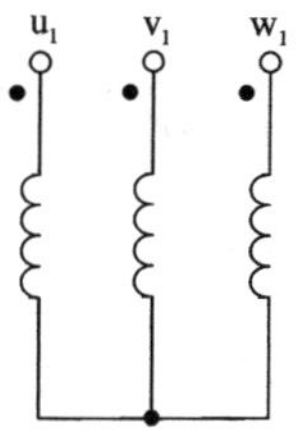	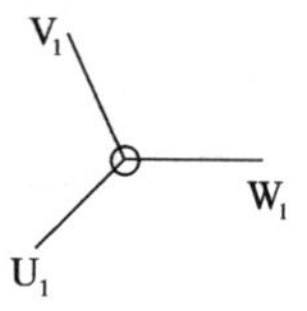	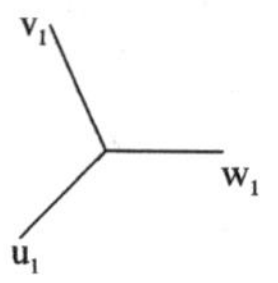	YNy0
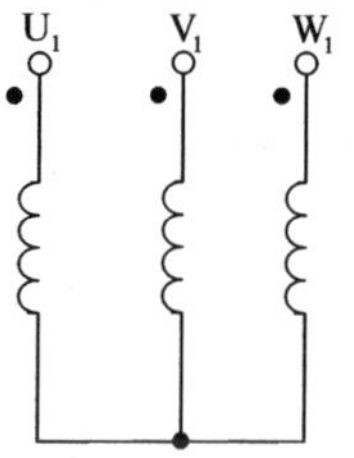	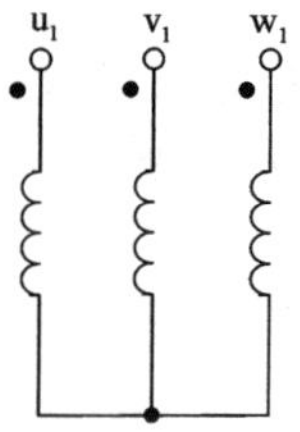	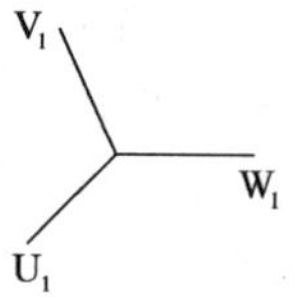	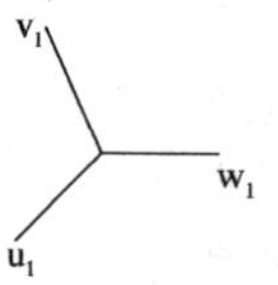	Yy0

三相变压器铭牌上给出的额定电压和额定电流是高压侧和低压侧线电压和线电流,容量(额定功率)是三相视在功率的额定值。

【例 4.5.1】　某三相变压器 $S_N = 50$ kV·A,$U_{1N}/U_{2N} = 10\ 000/400$ V,Yd 连接,向功率因数 $\cos \varphi_2 = 0.9$ 的感性负载供电,满载时二次绕组的线电压为 380 V。求:①满载时一、二次绕组的线电流和相电流;②输出的有功功率。

【解】　①满载时一、二次绕组的线电流(即额定电流)

$$I_{1N} = \frac{S_N}{\sqrt{3}\,U_{1N}} = \frac{50 \times 10^3}{\sqrt{3} \times 10\ 000}\text{A} = 2.9\text{ A}$$

$$I_{2N} = \frac{S_N}{\sqrt{3}\,U_{2N}} = \frac{50 \times 10^3}{\sqrt{3} \times 400}\text{A} = 72.2\text{ A}$$

相电流为

$$I_{1P} = I_{1N} = 2.9\text{ A}$$

$$I_{2P} = \frac{I_{2N}}{\sqrt{3}} = \frac{72.2}{\sqrt{3}}\text{A} = 41.7\text{ A}$$

②输出的有功功率

$$P_2 = \sqrt{3}\,U_2 I_2 \cos \varphi_2 = \sqrt{3} \times 380 \times 72.2 \times 0.9\text{ W} = 42.8 \times 10^3\text{ W} = 42.8\text{ kW}$$

4.6　特殊变压器

下面简单介绍几种特殊用途的变压器。

4.6.1　自耦变压器

高、低压绕组中有一部分绕组是高低压共用的变压器称为自耦变压器。在工厂和实验室里,自耦变压器常用作调压器和交流电动机的减压启动设备等。

自耦变压器可以看成是普通双绕组变压器的一种特殊连接。图4.6.1是一种自耦变压器,结构特点是二次绕组是一次绕组的一部分。一次、二次绕组电压之比和电流之比也是:

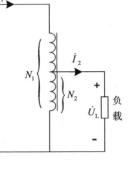

$$\frac{U_1}{U_2} = \frac{N_1}{N_2} = k, \frac{I_1}{I_2} = \frac{N_2}{N_1} = \frac{1}{k} \qquad (4.6.1)$$

4.6.2　仪用互感器

仪用互感器是一种特殊的变压器,它能比一般变压器更准确地按一定比例变换电压和电流,可用来扩大仪表测量范围或者使仪表与高电压隔离,以保护工作人员的安全。

图4.6.1　自耦变压器

仪用互感器又分为电压互感器和电流互感器两种。

1. 电压互感器

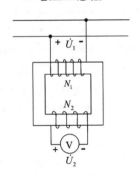

电压互感器的接线如图4.6.2所示。高压绕组作一次绕组,与被测电路并联。低压绕组作二次绕组,接电压表等负载。

由于电压表等负载阻抗非常大,电压互感器相当于工作在空载状态,因而

$$U_1 = \frac{N_1}{N_2}U_2 = k_u U_2 \qquad (4.6.2)$$

式中:k_u 为电压互感器的变压比。

只要选择合适的 k_u 就可以将高电压变为低电压,使之便于测量。通常二次绕组的额定电压大多设计成统一标准值 100 V,配 100 V 量程的电压表。

图4.6.2　电压互感器

在使用电压互感器时要注意:二次绕组不能短路,以免电流过大烧坏互感器。为安全起见,尤其是一次电压很高时,二次绕组连同铁芯要可靠接地;此外,电压互感器不宜接过多仪表,以免影响测量的准确性。而且,电压互感器不用时要开路。

2. 电流互感器

电流互感器的接线如图4.6.3所示。低压绕组作一次绕组与被测电路串联,二次绕组接电流表等负载。

由于电流表等负载阻抗非常小,电流互感器相当于工作在短路状态,因而一次绕组电压很低,产生的主磁通很小,空载电流很小,故 $N_1\dot{I}_1 + N_2\dot{I}_2 = 0$。因而

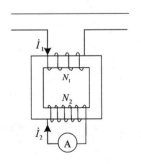

$$I_1 = \frac{N_2}{N_1}I_2 = k_i I_2 \qquad (4.6.3)$$

式中:k_i 为电流互感器的变流比。

只要选择合适的 k_i,就可以将大电流变为小电流,使之便于测

图4.6.3　电流互感器

量。通常二次绕组的额定电流大多数设计成统一标准值 5 A,配 5 A 量程的电流表。

在使用电流互感器时要注意:二次绕组不能开路,否则由于 $N_2 I_2 = 0$,剩下的 $N_1 I_1$ 会使 Φ_m 增加至饱和,有可能产生很大的电动势,损坏互感器的绝缘并危及工作人员的安全;为安全起见,尤其是在一次电压很高时,二次绕组一端连同铁芯要可靠接地;此外,电流互感器不宜接过多仪表,以免影响测量的准确性。而且,电流互感器不用时要短路。

习　题

4.1　将一铁芯线圈接于电压 $U = 100$ V、频率 $f = 50$ Hz 的正弦电源上,其电流 $I_1 = 5$ A,$\cos \varphi_1 = 0.7$。若将此线圈中的铁芯抽出,再接于上述电源,则线圈中电流 $I_2 = 10$ A,$\cos \varphi_2 = 0.05$。试求此线圈具有铁芯时的铜损和铁损。

4.2　有一交流接触器 CJ0 – 10A,线圈电压为 380 V,匝数为 8 750 匝,导线直径为 0.09 mm。今要用在 220 V 的电源上,问应如何改装? 即计算线圈匝数和换用直径为多少毫米的导线。(提示:(1)改装前后吸力不变,磁通最大值 Φ_m 应该保持不变;(2)Φ_m 保持不变,改装前后磁动势应该相等;(3)电流与导线截面积成正比。)

4.3　有一单相变压器,容量为 10 kV · A,电压为 3 300/220 V。今欲在副绕组接上额定功率为 60 W 及额定电压为 220 V 的白炽灯。如果要变压器在额定情况下运行,这种电灯可接多少个? 并求 一次、二次绕组的额定电流。

4.4　已知某单相变压器 $S_N = 50$ kV · A,$U_{1N}/U_{2N} = 6\,600/230$ V,空载电流为额定电流的 3%,铁损耗为 500 W,满载铜损耗为 1 450 W。向功率因数为 0.85 的负载供电时,满载时的二次侧电压为 220 V。求:(1)一、二次绕组的额定电流;(2)空载时的功率因数;(3)电压调整率;(4)满载时的效率。

4.5　某收音机输出变压器一次绕组的匝数为 230,二次绕组的匝数为 80,原配接 8 Ω 的扬声器,现改用 4 Ω 的扬声器,问二次绕组的匝数应改为多少?

4.6　电阻值为 8 Ω 的扬声器通过变压器接到 $U_S = 10$ V、内阻 $R_0 = 250$ Ω 的信号源上。设变压器一次绕组的匝数为 500,二次绕组的匝数为 100。求:(1)变压器一次侧的等效阻抗模 $|Z|$;(2)扬声器消耗的功率。

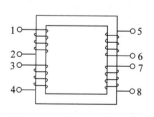

图 4.01　习题 4.7 的电路

4.7　试判断图 4.01 中各绕组的同极性端。

4.8　某三相变压器 $S_N = 50$ kV · A,$U_{1N}/U_{2N} = 10\,000/400$ V,Yyn 联接。求高、低压绕组的额定电流。

4.9　某三相变压器的容量为 800 kV · A,Yd 连结,额定电压为 35/10.5 kV。求高压绕组和低压绕组的额定相电压、相电流和线电流。

4.10　某三相变压器的容量为 75 kV · A,以 400 V 的线电压供电给三相对称负载。设负载为星形连接,每相电阻为 2 Ω,感抗为 1.5 Ω。问此变压器能否负担上述负载?

4.11　有一台三相变压器 $S_N = 180$ kV · A,$U_{1N} = 6.3$ kV,$U_{2N} = 0.4$ kV,负载的功率因数为 0.8(电感性),电压调整率为 4.5%,求满载时的输出功率。

4.12　一自耦变压器一次绕组的匝数 $N_1 = 1\,000$,接到 220V 交流电源上,二次绕组的匝

数 $N_2 = 500$，接到 $R = 4\ \Omega$、$X_L = 3\ \Omega$ 的感性负载上。忽略漏阻抗的电压降。求：（1）二次电压 U_2；（2）输出电流 I_2；（3）输出的有功功率 P_2。

第 5 章　三相异步电动机

在现代工业、农业、交通运输、科学研究和日常生活等各个方面都广泛地使用着电能。因电能具有生产和变换比较经济、传输和分配比较容易、使用和控制比较方便等优点,从而成为国民经济中使用最普遍的一种能量。电能已经成为人们用得最多的一种能源。

电能应用的一个重要方面就是利用电动机将电能转换成机械能为生产机械提供动力。现在几乎所有的生产机械都是由电动机拖动的,例如各种机床、轧钢机、矿井提升机、球磨机、造纸机、纺织机械、印刷机械、化工机械、电力机车、压缩机、起重机、卷扬机、水泵、家用电器等等,数不胜数。因此,电动机也是一种在国民经济中起重要作用的电机。

电机种类甚多,不能一一介绍。本章在简要介绍电机的种类和特点之后,重点介绍目前应用最广泛的三相异步电动机。

5.1　电机概述

电机是实现能量转换或信号转换的电磁装置。用作能量转换的电机称为动力电机,用作信号转换的电机称为控制电机。

动力电机中,将机械能转换成电能的称为发电机;将电能转换成机械能的称为电动机。任何电机理论上既可作发电机运行,也可作电动机运行,所以电机是一种双向的能量转换装置。这一特性称为电机的可逆原理。

按电流种类的不同,动力电机又分为直流电机和交流电机两大类。

直流电机是人类最早发明和应用的电机,因结构复杂、维护麻烦、价格较贵等缺点制约了发展,应用已不如交流电机广泛。不过,由于直流电动机具有优良的启动和调速等性能,因而目前在工业领域中仍占有一席之地。随着电子技术的发展,直流发电机有被半导体可控整流电源取代之趋势,但从供电质量和可靠性看,直流发电机仍有某些优势,目前在电解和电镀等工业部门中还在应用。

交流电机按工作原理不同又分为同步电机和异步电机两种。每种又有单相和三相之分。同步电动机素以转速与电源频率保持同步著称,且有功率因数可以调节的优点,但过去又以不能调速和启动性能差等限制了它的应用。单相同步电动机容量都很小,常用于要求恒速的自动和遥控装置以及钟表、仪表工业中。三相同步电动机常用于要求转速恒定和需要改善功率因数的、电动机容量在数百千瓦级以上的设备中。随着变频技术的日益成熟,同步电动机的启动和调速问题都得到了改善,从而扩大了应用范围。同步发电机则是所有各类发电机中应用最多的发电机。目前,全世界所有各类发电厂几乎都是利用三相同步发电机生产电能的。它的工作原理已经在第 3 章中介绍过了。

异步电动机,尤其是三相异步电动机因结构简单、价格便宜、运行可靠、维护方便,是当前工农业生产中应用最普遍的电动机。据统计,异步电功机的总容量约占各种电动机总容量的

85%左右。异步发电机由于性能缺陷应用极少。目前,只在某些小型风力发电站和远离电力
网的山区某些微型水电站中采用。

控制电机的种类也很多,在自动控制系统中常用作检测、放大、执行和校正等元件使用。
其容量和体积都比较小。目前常用的控制电机有伺服电动机、步进电动机、测速发电机、自整
角机、旋转变压器和感应同步器等。伺服电动机的功能是将电压信号转换成角位移或角速度。
步进电动机的功能是将电脉冲信号转换成输出轴的转角或转速。测速发电机的功能是把转速
信号转换成电压信号。自整角机的功能是实现角度的传输、变换和接收。旋转变压器的功能
是将转角信号变换成与之成某些函数关系的电压信号。感应同步器的功能是将转角位移或直
线位移转换成电压信号。

5.2　三相异步电动机的构造

三相异步电动机分成两个基本部分:定子(固定部分)和转子(旋转部分)。图 5.2.1 是三
相异步电动机的构造。

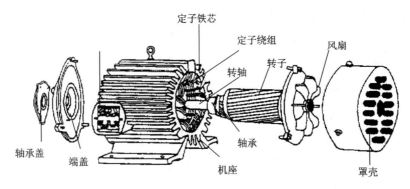

图 5.2.1　三相异步电动机的构造

三相异步电动机的定子由机座和装在机座内的圆筒形铁
芯以及其中的三相定子绕组组成。机座是用铸铁或铸钢制成
的,铁芯是由互相绝缘的硅钢片叠成的。铁芯的内圆周表面
冲有槽(图 5.2.2),用于放置对称三相绕组 $U_1 U_2$、$V_1 V_2$、W_1
W_2,有的连接成星形,有的连接成三角形。

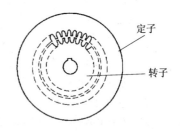

图 5.2.2　定子和转子的铁芯片

三相异步电动机的转子根据构造不同分为两种类型:笼
型和绕线型。转子铁芯是圆柱状,也用硅钢片叠成,表面冲有
槽(图 5.2.2)。铁芯装在转轴上,轴上加机械负载。

笼型的转子绕组做成鼠笼状,就是在转子铁芯的槽中放铜条,铜条两端用端环连接(图
5.2.3),或者在槽中浇铸铝液铸成鼠笼(图 5.2.4),这样便可以用比较便宜的铝来代替铜,同
时制造也快。因此,目前中小型笼型电动机的转子很多是铸铝的。笼型异步电动机的"鼠笼"
是它的构造特点,易于识别。

绕线型异步电动机的构造如图 5.2.5 所示。它的转子绕组同定子绕组一样,也是三相的,
连成星形。每相的始端连接在三个铜制的滑环上,滑环固定在转轴上。环与环、环与转轴都互

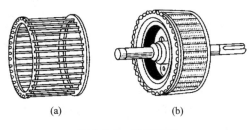

图5.2.3 笼型转子

（a）笼型绕组；（b）转子外形

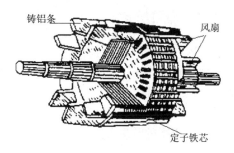

图5.2.4 铸铝的笼型转子

相绝缘。在环上用弹簧压着碳质电刷。以后就会知道,启动电阻和调速电阻是借助于电刷同滑环和转子绕组连接的(图5.2.6)。通常,就是根据绕线型异步电动机具有三个滑环的构造特点来辨认的。

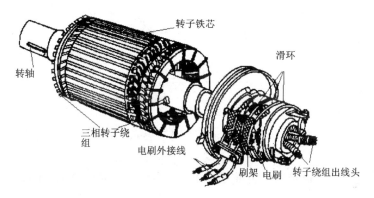

图5.2.5 绕线型异步电动机的构造

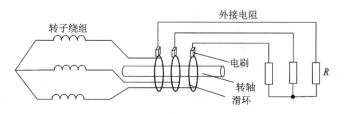

图5.2.6 绕线式转子示意图

由于笼型电动机构造简单、价格低廉、工作可靠、使用方便,因而成为生产上用得最广泛的一种电动机。

5.3 三相异步电动机的工作原理

电机都是利用电与磁的相互转化和相互作用制成的。在变压器中,交变电流通过集中的绕组产生交变的磁场。三相异步电动机则是利用三相电流通过三相绕组产生在空间旋转的磁场。因此,在讨论三相异步电动机工作原理之前,先要了解旋转磁场的原理。

5.3.1 旋转磁场

1. 旋转磁场的产生

旋转磁场是由电流通过多相绕组产生的。要说明这一问题,只要分析三相电流通过三相绕组时,在不同时刻所产生的合成磁场就一目了然了。为此,假设三相绕组 U_1U_2、V_1V_2 和 W_1W_2 中通过的三相电流分别为 i_1、i_2 和 i_3。它们的波形如图 5.3.1(b)所示,并选择电流的参考方向是从绕组的首端 U_1、V_1、W_1 流向末端 U_2、V_2、W_2 的,如图 5.3.1(a)所示。

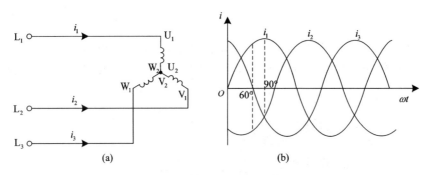

图 5.3.1 三相电流

当 $\omega t = 0°$ 时,$i_1 = 0$,U_1U_2 绕组中没有电流(见图 5.3.2);$i_2 < 0$,实际方向与参考方向相反,即从末端 V_2 流入(用⊗表示),从首端 V_1 流出(用⊙表示);$i_3 > 0$,实际方向与参考方向相同,即从首端 W_1 流入,从末端 W_2 流出。根据右手螺旋定则,它们产生的合成磁场的方向如图 5.3.2(a)所示,是一个二极磁场。上面是 N 极,磁力线穿出定子铁芯;下面是 S 极,磁力线进入定子铁芯。

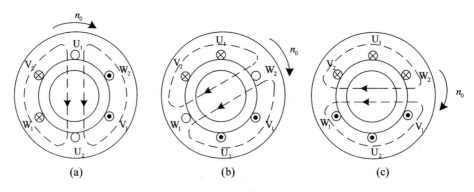

图 5.3.2 二极旋转磁场
(a)$\omega t = 0°$;(b)$\omega t = 60°$;(c)$\omega t = 90°$

当 $\omega t = 60°$ 时,$i_1 > 0$,即从首端 U_1 流入,从末端 U_2 流出;$i_2 < 0$,即从末端 V_2 流入,从首端 V_1 流出;$i_3 = 0$,W_1W_2 绕组中无电流。它们产生的合成磁场的方向如图 5.3.2(b)所示,是个二极磁场,但合成磁场在空间上已顺时针旋转了 60°。

$\omega t = 90°$ 时,$i_1 > 0$,即从首端 U_1 流入,从末端 U_2 流出;$i_2 < 0$,即从末端 V_2 流入,从首端 V_1 流出;$i_3 < 0$,即从末端 W_2 流入,从首端 W_1 流出。它们产生的合成磁场的方向如图 5.3.2(c)所示,仍是个二极磁场,但合成磁场在空间上比 $\omega t = 60°$ 时又顺时针旋转了 30°。

同理还可以继续得到其他时刻的合成磁场,从而证明了合成磁场是在空间旋转的。

如果如图 5.3.3 所示那样,将每相绕组都改用两个线圈串联组成,采用与前面同样的分析方法,可以得到四极旋转磁场,如图 5.3.4 所示。当电流变化 60°时,旋转磁场在中间旋转了30°,比二极旋转磁的转速慢了一半,产生了四极磁场。

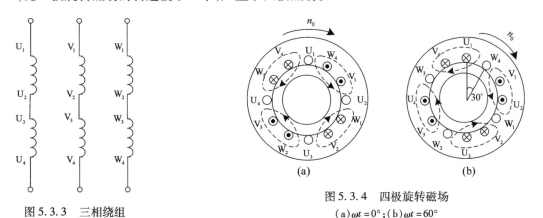

图 5.3.3　三相绕组

图 5.3.4　四极旋转磁场
(a) $\omega t = 0°$; (b) $\omega t = 60°$

由上可知,定子绕组中通入三相电流后,它们共同产生的合成磁场是随电流的交变而在空间不断地旋转着,这就是旋转磁场。这旋转磁场同磁极在空间旋转所起的作用是一样的。利用同样的分析方法还可以证明其他多相电流通过多相绕组,例如两相电流(相位相差 90°的电流)通过两相绕组(轴线相差 90°的绕组)也会产生旋转磁场。

2. 旋转磁场的极数

三相异步电动机的极数就是旋转磁场的极数。旋转磁场的极数和三相绕组的安排有关。在图 5.3.2 的情况下,每相绕组只有一个线圈,绕组的始端之间相差 120°空间角。如图 5.3.2 所示,则产生的旋转磁场具有一对极,即 $p = 1$(p 是磁极对数)。如将定子绕组安排的如图 5.3.3 那样,即每相绕组有两个线圈串联,绕组的始端之间相差 60°空间角,则产生的旋转磁场具有两对磁极,即 $p = 2$。

3. 旋转磁场的转速

旋转磁场的转速称为同步转速,用 n_0 表示。如前所述,对于两个磁极(即一对磁极)的旋转磁场,当电流变化了一个周期时,磁场在空间也转了一周。如果电流的频率为 f_1,则同步转速 $n_0 = 60 f_1$(r/min),对于四个磁极(即二对磁极)的旋转磁场,$n_0 = \dfrac{60 f_1}{2}$(r/min)。依此类推,如果旋转磁场具有 p 对磁极。则同步转速应为

$$n_0 = \frac{60 f_1}{p}(\text{r/min}) \tag{5.3.1}$$

当电流的频率为工频 50 Hz 时,不同极对数时的同步转速见表 5.3.1。

表 5.3.1　同步转速

p	1	2	3	4	5	6
n_0(r/min)	3 000	1 500	1 000	750	600	500

4. 旋转磁场的转向

由图 5.3.2 和图 5.3.4 可以看出旋转磁场是沿着 $U_1 \rightarrow V_1 \rightarrow W_1$ 方向旋转的,即与三相绕组中的三相电流的相序 $L_1 \rightarrow L_2 \rightarrow L_3$ 是一致的。所以要改变旋转磁场的转向,就必须改变三相绕组中电流的相序,即如图 5.3.5 所示,把三相绕组的三根导线中的任意两根对调一下位置,例如将 V_1 和 W_1 对调,利用前述分析方法可以证明,这时旋转磁场的转向变为 $U_1 \rightarrow W_1 \rightarrow V_1$,旋转磁场反向。

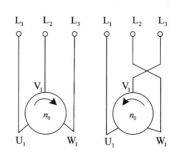

图 5.3.5　改变旋转磁场的转向

5.3.2　工作原理

1. 电磁转矩的产生

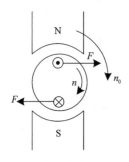

图 5.3.6　三相异步电动机工作原理示意图

图 5.3.6 是说明三相异步电动机工作原理的示意图。它是由固定不动的定子和可以转动的转子两部分组成。

定子上装有前述的对称三相绕组,工作时将它连接成星形或三角形后接到三相电源上。为了能形象地说明问题,图中未画出定子三相绕组,而将三相电流通过定子三相绕组后产生的旋转磁场用一对旋转的 N 极和 S 极表示。它以同步转速 n_0 顺时针方向旋转。于是,转子绕组切割磁力线而产生感应电动势,且在闭合的转子绕组中产生感应电流。感应电流与感应电动势相位相同,它们的方向可以用右手定则判断,如图 5.3.6 所示,在 N 极下是穿出纸面的,用 ⊙ 表示,在 S 极下是进入纸面的,用 ⊗ 表示。转子电流与旋转磁场相互作用而产生电磁力 F。F 的方向可用左手定则判断,如图 5.3.6 小箭头所示。这些电磁力在转子形成了顺时针方向的转矩。由电磁力形成的转矩称为电磁转矩,它驱使转子沿着旋转磁场的转向旋转,从轴上输出机械功率。

由于转子与旋转磁场之间在相对运动时,转子绕组才会切割磁力线而产生感应电动势和感应电流,才能产生电磁转矩,所以转子的转速总是小于同步转速的,两者不可能相等,故称为异步电动机。由于电磁转矩是旋转磁场与转子中的感应电流相互作用产生的,故又称感应电动机。

转子转速 n 与同步转速 n_0 之差与同步转速 n_0 的比值称为转差率,用 s 表示,即

$$s = \frac{n_0 - n}{n_0} \tag{5.3.2}$$

因此转子转速

$$n = (1 - s)n_0 \tag{5.3.3}$$

转差率是分析异步电动机工作情况的重要参数。当电动机接通电源而尚未转动时(即启动瞬间),$n = 0$,$s = 1$;当转子转速等于同步转速时(这种状态称为理想空载,实际运行时不可能出现),$n = n_0$,$s = 0$。所以,异步电动机在正常工作时,$n_0 > n > 0$,$0 < s < 1$。

以上分析说明,从电磁关系来看,异步电动机和变压器相似,定子绕组相当于一次绕组,从电源取用电流和功率;转子绕组相当于二次绕组,通过电磁感应产生电动势和电流。只不过变压器将感应电流作输出电流,从而输出电功率,而异步电动机利用感应电流产生电磁转矩,从

而输出机械功率。转子电流通过转子绕组也要产生旋转磁场,故实际工作时的旋转磁场是由定子电流和转子电流共同作用产生的。因此,电动机的定子电流和转子电流之间也应该满足相应的磁动势平衡方程式的关系。转子电流增加时,定子电流也会相应增加。与变压器不同的是,异步电动机的转子在电磁转矩的驱动下是旋转的。旋转磁场与定、转子绕组的相对运动速度不同,因此,定、转子绕组中的电动势和电流的频率也就不同,它们分别为

$$f_1 = \frac{pn_0}{60} \tag{5.3.4}$$

$$f_2 = \frac{p(n_0 - n)}{60} = \frac{n_0 - n}{n_0} \cdot \frac{pn_0}{60} = sf_1 \tag{5.3.5}$$

可见,转子电流的频率 f_2 与转差率 s 成正比,即与转子转速有关。

2. 电磁转矩的方向

电磁转矩的方向与旋转磁场的转向是一致的,而电磁转矩的方向决定了转子的转向。因此,要想改变转子的转向,即要使转子反转,只要如图 5.3.5 所示将三相异步电动机接至电源的三根导线中的任意两根对调位置即可。

3. 电磁转矩的大小

电磁转矩 T(以下简称转矩)是三相异步电动机的最重要的物理量之一,机械特性是它的主要特性。对电动机进行分析往往离不开它们。

异步电动机的转矩是由旋转磁场的每极磁通 Φ 与转子电流 I_2 相互作用而产生的。但因转子电路是电感性的,转子电流 $\dot I_2$ 比转子电动势 $\dot E_2$ 滞后 φ_2 角;又因电磁转矩

$$T = \frac{P_\psi}{\Omega_0} = \frac{P_\psi}{\dfrac{2\pi n_0}{60}}$$

与电磁功率 P_ψ 成正比,和讨论有功功率一样,也要引入 $\cos \varphi_2$。于是得出

$$T = K_T \Phi I_2 \cos \varphi_2 \tag{5.3.6}$$

式中:K_T 为常数,与电动机的结构有关。Ω_0 是同步角速度。

由式(5.3.6)可见,转矩除与 Φ 成正比外,还与 $I_2 \cos \varphi_2$ 成正比。其中

$$\Phi = \frac{E_1}{4.44 f_1 N_1} \approx \frac{U_1}{4.44 f_1 N_1} \propto U_1$$

$$I_2 = \frac{sE_{20}}{\sqrt{R_2^2 + (sX_{20})^2}} = \frac{s(4.44 f_1 N_2 \Phi)}{\sqrt{R_2^2 + (sX_{20})^2}}$$

$$\cos \varphi_2 = \frac{R_2}{\sqrt{R_2^2 + (sX_{20})^2}}$$

$$E_{20} = 4.44 f_1 N_2 \Phi$$

$$X_{20} = 2\pi f_1 L_{\sigma 2}$$

由于 I_2 和 $\cos \varphi_2$ 与转差率 s 有关,所以转矩 T 也与 s 有关。

如果将上列三式代入式(5.3.6),则得出转矩的另一个表示式

$$T = K \frac{sR_2 U_1^2}{R_2^2 + (sX_{20})^2} \tag{5.3.7}$$

式中 K 是一常数。转矩 T 还与定子每相电压 U_1 的平方成比例。所以,当电源电压变化时,对转矩的影响很大。此外,转矩 T 还受转子电阻 R_2 的影响。由于转子电流的频率 f_2 是随 s 变化

的,所以转子漏电抗也是随 s 变化的。只有转子静止不动的漏电抗才是一个固定的数值。式 (5.3.7)中的 X_{20} 即指转子静止不动时的漏电抗,sX_{20} 则为转子转动时的漏电抗。

5.3.3 转矩平衡

在电动机工作时,施加在转子上的除电磁转矩 T 外,还有空载转矩 T_0(由风阻和轴承摩擦等形成的转矩)和负载转矩 T_L(生产机械的阻转矩)。电磁转矩减去空载转矩是电动机的输出转矩 T_2,即

$$T_2 = T - T_0 \tag{5.3.8}$$

电动机只有在 $T_2 = T_L$ 时,才能稳定运行。也就是说,电动机在稳定运行时,应满足下列转矩平衡方程式:

$$T = T_0 + T_L \tag{5.3.9}$$

T_0 一般很小,电动机在满载运行或接近满载运行时,T_0 可忽略不计,这时 $T \approx T_2 = T_L$。

电动机在稳定运动时,若 T_L 减小,则原来的平衡被打破。T_L 减小瞬间,$T_2 > T_L$。电动机加速,n 增加,s 减小,转子电流 I_2 减小,定子电流 I_1 也随之减小;I_2 减小又会使 T 减小,直到恢复 $T_2 = T_L$ 为止,电功机便在比原来高的转速和比原来小的电流下重新稳定运行。反之,当 T_L 增加时,T 相应增加,电动机将在比原来低的转速和比原来大的电流下重新稳定运行。

5.3.4 功率与效率

电动机输出的机械功率用 P_2 表示,即

$$P_2 = T_2 \omega = \frac{2\pi}{60} T_2 n \tag{5.3.10}$$

式中:ω 是转子的旋转角速度,单位是弧度/秒(rad/s);T_2 的单位是牛·米(N·m);n 的单位是转/分(r/min);P_2 的单位是瓦(W)。

三相异步电动机从电源输入的有功功率

$$P_1 = \sqrt{3} U_{1L} I_{1L} \cos \varphi = 3 U_{1P} I_{1P} \cos \varphi \tag{5.3.11}$$

式中:U_{1L} 和 I_{1L} 是定子绕组的线电压和线电流;U_{1P} 和 I_{1P} 是定子绕组的相电压和相电流。三相异步电动机是电感性负载,定子相电流滞后于相电压一个 φ 角,$\cos \varphi$ 是三相异步电动机的功率因数。

P_1 与 P_2 之差是电动机的功率损耗 P,它包括铜损耗 ΔP_{Cu}、铁损耗 ΔP_{Fe}、机械损耗 ΔP_{Me},即

$$\Delta P = P_1 - P_2 = \Delta P_{Cu} + \Delta P_{Fe} + \Delta P_{Me} \tag{5.3.12}$$

三相异步电动机的效率

$$\eta = \frac{P_2}{P_1} \times 100\% \tag{5.3.13}$$

【例 5.3.1】 某三相异步电动机,极对数 $p = 2$,定子绕组三角形连接,接于 50 Hz、380 V 的三相电源上工作。当负载转矩 $T_L = 91$ N·m 时,测得 $I_1 = 30$ A,$P_1 = 16$ kW,$n = 1\,470$ rad/s,求该电动机带此负载运行时的 s、P_2、η 和 $\cos \varphi$。

【解】 $n_0 = \dfrac{60 f_1}{p} = \dfrac{60 \times 50}{2}$ r/min $= 1\,500$ r/min

$s = \dfrac{n_0 - n}{n_0} = \dfrac{1\,500 - 1\,470}{1\,500} = 0.02$

$$P_2 = \frac{2\pi}{60}T_2 n = \frac{2\pi}{60}T_L n = \frac{2 \times 3.14}{60} \times 91 \times 1\,470\ \text{W} = 14 \times 10^3\ \text{W} = 14\ \text{kW}$$

$$\eta = \frac{P_2}{P_1} \times 100\% = \frac{14}{16} \times 100\% = 87.5\%$$

$$\cos\varphi = \frac{P_1}{\sqrt{3}\,U_1 I_1} = \frac{16 \times 10^3}{\sqrt{3} \times 380 \times 30} = 0.81$$

5.4　三相异步电动机的转矩与机械特性

当定子电压 U_1、频率 f_1 保持不变时,由式(5.3.7)得,三相异步电动机的 T 与 s 之间的关系 $T = f(s)$ 称为转矩特性,n 与 T 之间的关系 $n = f(T)$ 称为机械特性。有时,也将它们也统称为机械特性。

如果定子电压和频率保持为额定值,而且若是绕线转子异步电动机,则其转子电路中不另外串联电阻或电抗,这时的转矩持性和机械特性称为固有转矩特性和固有机械特性,简称固有特性,否则称为人为特性。

5.4.1　固有特性

三相异步电动机的固有特性如图 5.4.1 所示。在转矩特性的 OM 段和机械特性的 n_0M 段,s 增加时,T 增加,n 减小;在转矩特性的 MS 段和机械特性的 MS 段,s 增加时,T 减小,n 减小。

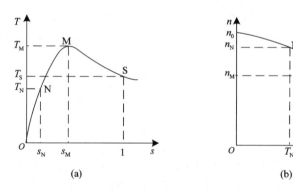

图 5.4.1　三相异步电动机的固有特性
(a)转矩特性;(b)机械特性

固有特性上的 N、M、S 三个特殊的工作点代表了三相异步电动机的如下三个重要工作状态。

1. 额定状态

这是电动机的电压、电流、功率和转速等都等于额定值时的状态,工作点在特性曲线上的 N 点,约在 OM 段或 n_0M 段的中间。这时的转差率 s_N,转速 n_N 和转矩 T_N 分别称为额定转差率、额定转速和额定转矩。忽略 T_0,则 $T_2 = T_N$,由式(5.3.10)可知,额定转矩

$$T_N = \frac{P_N}{\omega_N} = \frac{60 P_N}{2\pi n_N} = 9.55\,\frac{P_N}{n_N}\,\frac{(\text{W})}{(\text{r/min})} \tag{5.4.1}$$

额定转矩是电动机额定负载时的转矩,它可以从电动机铭牌上的额定功率(输出机械功

率)和额定转速应用式(5.4.1)求得。

额定状态说明了电动机的长期运行能力。因为,若 $T > T_N$,则电流和功率都会超过额定值,电动机处于过载状态。长期过载运行,电动机的温度会超过允许值,这将会降低电动机的使用寿命,甚至很快烧坏,是不允许的。因此,长期运行时电动机的工作范围应在固有转矩特性的 ON 段和固有机械特性的 n_0N 段。国产异步电动机的 n_N 非常接近又略小于 n_0,$s_N = 0.01$ ~ 0.09。因此,工作在上述区段,T 增加时,n 下降不多。像这种转矩增加时转速下降不多的机械特性称为硬特性。

2. 临界状态

这是电动机的电磁转矩等于最大值时的状态,工作点在特性曲线上的 M 点。这时的电磁转矩 T_M 称为最大转矩,转差率 s_M 和转速 n_M 称为临界转差率和临界转速。将式(5.3.7)中的 T 对 s 求导数并令其等于零可求得临界转差率

$$s_M = \frac{R_2}{X_{20}} \tag{5.4.2}$$

将式(5.4.2)代入到式(5.3.7)中,可求得最大转矩为

$$T_M = K_T \frac{U_1^2}{2X_{20}} \tag{5.4.3}$$

临界状态说明了电动机的短时过载能力。因为电动机虽然不允许长期过载运行,但是只要是过载时间很短,电动机的温度还没有超过允许值,就停止工作或负载又减小了。在这种情况下,从发热的角度看,电动机短时过载是允许的。可是,过载时,负载转矩却必须小于最大转矩,不然电动机带不动负载,转速会越来越低,直到停转,出现"堵转"现象。堵转时 $s = 1$,转子与旋转磁场的相对运动速度大,因而电流要比额定电流大得多,时间一长,电动机会严重过热,甚至烧坏。因此,通常用最大转矩 T_M 和额定转矩 T_N 的比值来说明异步电动机的短时过载能力 K_M,即

$$K_M = \frac{T_M}{T_N} \tag{5.4.4}$$

Y 系列三相异步电动机的 $K_M = 2 \sim 2.2$。

3. 启动状态

这是电动机刚接通电源、转子尚未转动时的工作状态,工作点在特性曲线上的 S 点。这时的转差率 $s = 1$,转速 $n = 0$,对应的电磁转矩 T_S 称为启动转矩,定子线电流用 I_S 表示,称为启动电流。启动状态说明了电动机的直接启动能力。因为只有在 $T_S > T_L$ 时,电动机才能启动起来。T_S 大,电动机才能重载启动;T_S 小,电动机只能轻载甚至空载启动。因此,通常用启动转矩 T_S 和额定转矩 T_N 的比值说明异步电动机的直接启动能力,用 K_S 表示,即

$$K_S = \frac{T_S}{T_N} \tag{5.4.5}$$

直接启动时,启动电流远大于额定电流,这也是直接启动时应予考虑的问题。电动机的启动电流 I_S 与额定电流 I_N 的比值用 K_C 表示,即

$$K_C = \frac{I_S}{I_N} \tag{5.4.6}$$

Y 系列三相异步电动机的 $K_S = 1.6 \sim 2.2$,$K_C = 5.5 \sim 7.0$。

【例 5.4.1】　某三相异步电动机,额定功率 $P_N = 45$ kW,额定转速 $n_N = 2\,970$ r/min,$K_M = 2.2$,$K_S = 2.0$。若 $T_L = 200$ N·m,试问时长期运行、短时运行和直接启动时能否带此负载。

【解】　①电动机的额定转矩

$$T_N = 9.55 \frac{P_N}{n_N} = 9.55 \times \frac{45 \times 10^3}{2\,970} \text{N} \cdot \text{m} = 145 \text{ N} \cdot \text{m}$$

由于 $T_N < T_L$,故不能带此负载长期运行。

②电动机的最大转矩

$$T_M = K_M T_N = 2.2 \times 145 \text{ N} \cdot \text{m} = 319 \text{ N} \cdot \text{m}$$

由于 $T_M > T_L$,故可以带此负载短时运行。

③电动机的启动转矩

$$T_S = K_S T_N = 2.0 \times 145 \text{ N} \cdot \text{m} = 290 \text{ N} \cdot \text{m}$$

由于 $T_S > T_L$,故可以带此负载直接启动。

5.4.2　人为特性

1. 定子电压降低时的人为持性

由式(5.4.2)和式(5.4.3)可知,临界转差率和临界转速与电压无关,而转矩是正比于电压平方的,因此,电压降低后的人为特性如图 5.4.2 所示。

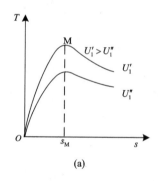
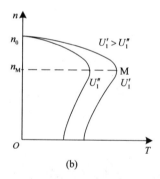

图 5.4.2　定子电压降低时的人为特性

(a)转矩特性;(b)机械特性

2. 转子电阻增加时的人为特性

由式(5.4.2)和式(5.4.3)可知,临界转差率 s_M 正比于转子电阻 R_2,最大转矩 T_M 却与转子电阻 R_2 无关,因此,绕线式异步电动机在转子电路中串入电阻时的人为特性如图 5.4.3 所示。

转子电阻增加后,T_S 的大小则与 R_2 和 X_2 的相对大小有关,如图 5.4.4 所示。分析如下:

当 $R_2 < X_2$ 时,$S_M < 1$,R_2 增加时,T_S 增加;

当 $R_2 = X_2$ 时,$S_M = 1$,$T_S = T_M$,启动转矩最大;

当 $R_2 > X_2$ 时,$S_M > 1$,R_2 增加时,T_S 减小。

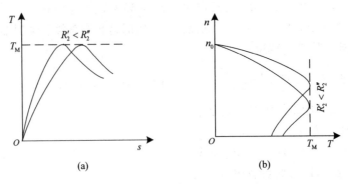

图 5.4.3　转子电阻增加时的人为特性

(a)转矩特性;(b)机械特性

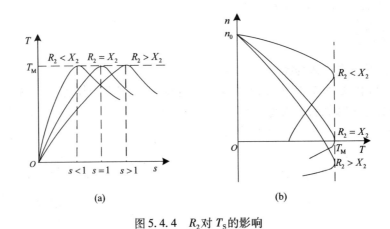

图 5.4.4　R_2 对 T_S 的影响

(a)转矩特性;(b)机械特性

5.5　三相异步电动机的启动

5.5.1　启动性能

电动机的启动就是把它开动起来。在启动初始瞬间,$n=0,s=1$。现在从启动时的电流和转矩分析电动机的启动性能。

首先讨论启动电流 I_S。在刚启动时,由于旋转磁场对静止的转子有着很大的相对转速,磁通切割转子导条的速度很快,这时转子绕组中感应出的电动势和产生的转子电流都很大。和变压器的原理一样,转子电流增大,定子电流必然相应增大。一般中小型笼型电动机的定子启动电流(指线电流)与额定电流之比值大约为 5~7。例如,Y132M-4 型电动机的额定电流为15.4 A,启动电流与额定电流之比值为7,因此启动电流为 7×15.4 A=107.8 A。

电动机不是频繁启动时,启动电流对电动机本身影响不大。因为启动电流虽大,但启动时间一般很短(小型电动机只有 1~3s),从发热角度考虑没有问题,并且一经启动后转速很快升高,电流便很快减小了。但当启动频繁时,由于热量的积累,可以使电动机过热。因此,在实际操作时应尽可能不让电动机频繁启动。例如,在切削加工时,一般只是用摩擦离合器或电磁离合器将主轴与电机轴脱开,而不将电动机停下来。但是,电动机的启动电流对线路是有影响的。过大的启动电流在短时间内会在线路上造成较大的电压降落,而使负载端的电压降低,影响邻近负载的正常工作。例如,对邻近的异步电动机,电压的降低不仅会影响它们的转速(下降)和电流(增大),甚至可能使它们的最大转矩 T_M 降到小于负载转矩,以致使电动机停下来。

其次讨论启动转矩 T_S。在刚启动时,虽然转子电流较大,但转子的功率因数是很低的。因此由式(5.3.6)可知,启动转矩实际上是不大的。它与额定转矩之比值约为 1.0~2.2。

如果启动转矩过小,就不能在满载下启动,应设法提高。但如果启动转矩过大,会使传动机构(譬如齿轮)受到冲击而损坏,所以又应设法减小。一般机床的主电动机都是空载启动(启动后再切削),对启动转矩没有什么要求,但对移动床鞍、横梁以及起重用的电动机应采用启动转矩较大一点的。

由上述可知,异步电动机启动时的主要缺点是启动电流较大。为了减小启动电流(有时也为了提高或减小启动转矩),必须采用适当的启动方法。

5.5.2　启动方法

笼型电动机的启动有直接启动和降压启动两种。

1. 直接启动

直接启动就是利用闸刀开关或接触器将电动机直接接到具有额定电压的电源上。这种启动方法虽然简单,但如上所述,由于启动电流较大,将使线路电压下降,影响负载正常工作。

一台电动机能否直接启动,有一定规定。有的地区规定:用电单位如有独立的变压器,则在电动机启动频繁时,电动机容量小于变压器容量的 20% 时允许直接启动;如果电动机不经常启动,它的容量小于变压器容量的 30% 时允许直接启动。如果没有独立的变压器(与照明共用),电动机直接启动时产生的电压降不应超过 5%。

二、三十千瓦以下的异步电动机一般都是采用直接启动的。

2. 降压启动

如果电动机直接启动时所引起的线路电压降较大,必须采用降压启动,就是在启动时降低加在电动机定子绕组上的电压,以减小启动电流。笼型电动机的降压启动常用下面几种方法。

(1)星形-三角形(Y - Δ)换接启动

如果电动机工作时定子绕组是连接成三角形的,那么在启动时可把它连成星形,等到转速接近额定值时再换接成三角形。这样,在启动时就把定子每相绕组上的电压降到正常工作电压的 $\frac{1}{\sqrt{3}}$。

图 5.5.1 是定子绕组的两种连接法,|Z| 为启动时每相绕组的等效阻抗模。

当定子绕组连成星形,即降压启动时,

$$I_{LY} = I_{PY} = \frac{U_L}{\sqrt{3}\,|Z|} \tag{5.5.1}$$

当定子绕组连成三角形,即直接启动时

$$I_{L\Delta} = \sqrt{3}\,I_{P\Delta} = \sqrt{3}\,\frac{U_L}{|Z|} \tag{5.5.2}$$

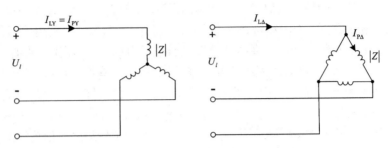

图 5.5.1　比较星形连接和三角形连接时的启动电流

比较式(5.5.1)和式(5.5.2),可得

$$\frac{I_{LY}}{I_{L\Delta}} = \frac{1}{3} \tag{5.5.3}$$

即降压启动时的电流为直接启动时的 $\frac{1}{3}$ 。

由于转矩和电压的平方成正比,所以启动转矩也减小到直接启动时的 $(1/\sqrt{3})^2 = \frac{1}{3}$ 。因此,这种方法只适合于空载或轻载启动。

这种换接启动可采用星-三角启动器实现。图 5.5.2 是一种星-三角启动器的接线简图。

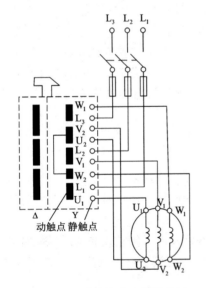

图 5.5.2　星-三角启动接线简图

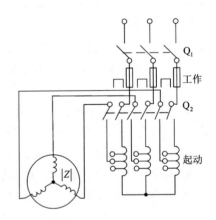

图 5.5.3　自耦降压启动接线图

在启动时将手柄向右扳,使右边一排动触点与静触点相连,电动机就成星形连接。等电动机接近额定转速时,将手柄往左扳,则使左边一排动触点与静触点相连,电动机换接成三角形。

星-三角启动器的体积小、成本低、寿命长、动作可靠。目前 4～100 kW 的异步电动机都已设计为 380 V 三角形连接,因此星-三角启动器得到了广泛应用。

(2)自耦降压启动

自耦降压启动是利用三相自耦变压器将电动机启动过程中的端电压降低,接线图如图5.5.3 所示。启动时,先把开关 Q_2 扳到"启动"位置。当转速接近额定值时,将 Q_2 扳向"工作"

位置,切除自耦变压器。

　　自耦变压器有抽头,以便得到不同的电压(例如为电源电压的 73%、64%、55%),根据对启动转矩的要求选用。

　　采用自耦降压启动,也同时能使启动电流和启动转矩减小。

　　自耦降压启动适用于容量较大的或正常运行时连成星形而不能采用星-三角启动器的笼型异步电动机。

　　至于绕线型电动机,只要在转子电路中接入大小适当的启动电阻 R_{ST}(图 5.5.4),就可达到减小启动电流的目的;同时,由图 5.4.4 可见,启动转矩也提高了。所以,它常用于要求启动转矩较大的生产机械上,例如卷扬机、锻压机、起重机及转炉等。

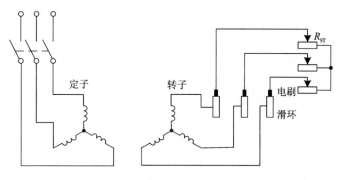

图 5.5.4　绕线型电动机启动时的接线图

　　启动后,随着转速的上升将启动电阻逐段切除。

　　【例 5.5.1】　有一 Y225M – 4 型三相异步电动机,额定数据如下表所示。试求:①额定电流 I_N;②额定转差率 s_N;③额定转矩 T_N、最大转矩 T_M、启动转矩 T_S。

功率	转速	电压	效率	功率因数	I_S/I_N	T_S/T_N	T_M/T_N
45 kW	1 480 r/min	380 V	92.3%	0.88	7.0	1.9	2.2

　　【解】　①4 ~ 100 kW 的电动机通常都是 380 V,Δ 连接。

$$I_N = \frac{P_2 \times 10^3}{\sqrt{3}\,U\cos\varphi\,\eta} = \frac{45 \times 10^3}{\sqrt{3} \times 380 \times 0.88 \times 0.923}\ A = 84.2\ A$$

②由已知 $n = 1\,480$ r/min 可知,电动机是四极的,即 $p = 2$,$n = 1\,500$ r/min。所以

$$s_N = \frac{n_0 - n}{n_0} = \frac{1\,500 - 1\,480}{1\,500} = 0.013$$

③$T_N = 9.55\,\dfrac{P_2}{n} = 9.55 \times \dfrac{45 \times 10^3}{1\,480}\ N \cdot m = 290.4\ N \cdot m$

$$T_M = \left(\frac{T_M}{T_N}\right)T_N = 2.2 \times 290.4\ N \cdot m = 638.9\ N \cdot m$$

$$T_S = \left(\frac{T_S}{T_N}\right)T_N = 1.9 \times 290.4\ N \cdot m = 551.8\ N \cdot m$$

　　【例 5.5.2】　在上题中:①如果负载转矩为 510.2 N·m,试问在 $U = U_N$ 和 $U' = 0.9U_N$ 两

种情况下电动机能否启动？②采用 Y – Δ 换接启动时,求启动电流和启动转矩。又当负载转矩为额定转矩 T_N 的80%和50%时,电动机能否启动？

【解】　①在 $U = U_N$ 时,$T_S = 551.8$ N > 510.2 N·m,所以能启动。

在 $U' = 0.9 U_N$ 时,$T'_S = 0.9^2 \times 551.8$ N·m $= 447$ N·m < 510.2 N·m,所以不能起动。

②$I_{S\Delta} = 7I_N = 7 \times 84.2$ A $= 589.4$ A

$$I_{SY} = \frac{1}{3} I_{S\Delta} = \frac{1}{3} \times 589.4 \text{ A} = 196.5 \text{ A}$$

$$T_{SY} = \frac{1}{3} T_{S\Delta} = \frac{1}{3} \times 551.8 \text{ N·m} = 183.9 \text{ N·m}$$

在80%额定转矩时的情况如下:

$$\frac{T_{SY}}{T_N 80\%} = \frac{183.9}{290.4 \times 80\%} = \frac{183.9}{232.3} < 1, \text{不能启动;}$$

在50%额定转矩时,有

$$\frac{T_{SY}}{T_N 50\%} = \frac{183.9}{290.4 \times 50\%} = \frac{183.9}{145.2} > 1, \text{可以启动。}$$

【例 5.5.3】　对例 5.5.1 中的电动机采用自耦降压启动,设启动时电动机的端电压降到电源电压的64%,求线路启动电流和电动机的启动转矩。

【解】　直接启动时的启动电流 $I_S = 7I_N = 7 \times 84.2$ A $= 589.4$ A

设降压启动时电动机中(及变压器二次)的启动电流为 I'_S,即

$$\frac{I'_S}{I_S} = 0.64, I'_S = 0.64 \times 589.4 \text{ A} = 377.2 \text{ A}$$

设降压启动时线路(即变压器一次)的启动电流为 I''_S。因为变压器一、二次绕组中电流之比等于电压之比的倒数,所以也等于64%,即

$$\frac{I''_S}{I'_S} = 0.64, I''_S = 0.64^2 \times I_S = 0.64 \times 589.4 \text{ A} = 214.4 \text{ A}$$

设降压启动时的启动转矩

$$\frac{T'_S}{T_S} = 0.64^2, T'_S = 0.64^2 \times T_S = 0.64^2 \times 551.8 \text{ N·m} = 226 \text{ N·m}$$

5.6　三相异步电动机的调速

调速就是在同一负载下得到不同的转速,以满足生产过程的要求。例如,各种切削机床的主轴运动随着工件与刀具的材料、工件直径、加工工艺的要求及走刀量的大小等的不同,要求有不同的转速,以获得最高的生产率和加工质量。如果采用电气调速,就可以大大简化机械变速机构。

在讨论异步电动机的调速时,首先从研究公式

$$n = (1 - s) n_0 = (1 - s) \frac{60 f_1}{p}$$

出发。此式表明,改变电动机的转速有三种可能,即改变电源频率 f_1、极对数 p 及转差率 s。前两者是笼型电动机的调速方法,后者是绕线型电动机的调速方法。今分别讨论如下。

5.6.1　变频调速

近年来变频调速技术发展很快,目前主要采用图 5.6.1 所示的变频调速装置。这种调速装置主要由整流器和逆变器两大部分组成。整流器先将频率 f 为 50Hz 的三相交流电变换为直流电,再由逆变器变换为频率 f_1 可调、电压有效值 U_1 也可调的三相交流电,供给三相笼型电动机。由此可得到电动机的无级调速,并具有硬的机械特性。

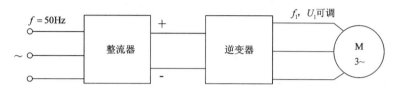

图 5.6.1　变频调速装置

通常有下列两种变频调速方式。

1. 恒转矩调速

在 $f_1 < f_{1N}$,即低于额定转速时,应保持 $\dfrac{U_1}{f_1}$ 的比值近于不变,也就是两者要成比例地同时调节。由 $U_1 \approx 4.44 f_1 N_1 \varPhi$ 和 $T = K_T \varPhi I_2 \cos \varphi_2$ 两式可知,这时磁通 $\varPhi$ 和转矩 T 也都近似不变。这是恒转矩调速。

如果把转速调低时 $U_1 = U_{1N}$ 保持不变,在减小 f_1 时磁通 $\varPhi$ 则将增加。这就会使磁路饱和(电动机磁通一边设计在接近铁芯磁饱和点),从而增加励磁电流和铁损,导致电机过热,这是不允许的。

2. 恒功率调速

在 $f_1 > f_{1N}$,即高于额定转速调速时,应保持 $U_1 \approx U_{1N}$。这时磁通 $\varPhi$ 和转矩 T 都将减小。转速增大,转矩减小,将使功率近于不变。这是恒功率调速。

如果把转速调高时 $\dfrac{U_1}{f_1}$ 的比值不变,在增加 f_1 时,U_1 也要增加。U_1 超过额定电压也是不允许的。

目前,由于国内逆变器中开关元件(可关断晶闸管、大功率晶体管和功率场效应管等)的制造水平不断提高,笼型电动机的变频调速技术的应用也就日益广泛。

5.6.2　变极调速

由式 $n_0 = \dfrac{60 f_1}{p}$ 可知,如果极对数 p 减小一半,则旋转磁场的转速 n_0 便提高一倍,转子转速 n 差不多也提高一倍。因此改变 p 可以得到不同的转速。如何改变极对数?这同定子绕组的接法有关。

图 5.6.2 是定子绕组的两种接法。把 U 相绕组分成两半:线圈 $U_{11} U_{21}$ 和 $U_{12} U_{22}$。图 5.6.2(a)中是两个线圈串联,得出 $p = 2$。图 5.6.2(b)中是两个线圈反并联(头尾相联),得出 $p = 1$。在换极时,一个线圈中的电流方向不变,而另一个线圈中的电流必须改变方向。

变极调速技术是通过采用变极多速异步电动机实现调速的,有双速、三速和四速等三种。

双速电动机在机床上用得较多,像某些磨床、铣床上都有。这种电动机的调速是有级的。

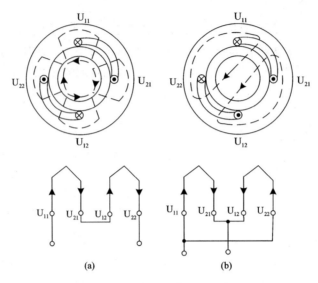

图 5.6.2　改变极对数 p 的调速方法

5.7　三相异步电动机的制动

因为电动机的转动部分有惯性,所以把电源切断后,电动机还会继续转动一定时间而后停止。为了缩短辅助工时,提高生产机械的生产率,并为了安全起见,往往要求电动机能够迅速停车和反转。这就需要对电动机进行制动。对电动机进行制动,也就是要求它的转矩与转子的转动方向相反。这时的转矩称为制动转矩。

异步电动机的制动常用下列三种方法。

5.7.1　能耗制动

这种制动方法就是在切断三相电源的同时,接通直流电源(图 5.7.1),使直流电流通入定子绕组。直流电流的磁场是固定不动的,而转子由于惯性继续在原方向转动。根据右手定则和左手定则不难确定这时的转子电流和固定磁场相互作用产生的转矩的方向。它与电动机转动的方向相反,因而起制动作用。制动转矩的大小与直流电流的大小有关。直流电流的大小一般为电动机额定电流的 $0.5 \sim 1$ 倍。

因为这种方法是用消耗转子的动能(转换为电能)进行制动的,所以称为能耗制动。

这种制动能量消耗小、制动平稳,但需要直流电源,在有些机床中采用这种方法。

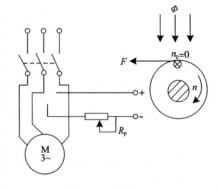

图 5.7.1　能耗制动调速方法

5.7.2　反接制动

在电动机停车时,可将接到电源的三根导线中的任意两根的一端对调位置,使旋转磁场反向旋转,而转子由于惯性仍在原方向转动。这时的转矩方向与电动机的转动方向相反(图5.7.2),因而起制动作用。当转速接近零时,利用某种控制电器将电源自动切断,否则电动机将会反转。

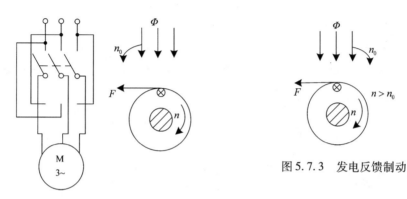

图 5.7.2　反接制动调速方法

图 5.7.3　发电反馈制动

由于在反接制动时旋转磁场与转子的相对转速 $(n_0 + n)$ 很大,因而电流较大。为了限制电流,对功率较大的电动机进行制动时必须在定子电路(笼型)或转子电路(绕线型)中接入电阻。

这种制动比较简单,效果较好,但能量消耗较大,有些中型车床和铣床主轴采用这种方法。

5.7.3　发电制动

当转子的转速 n 超过旋转磁场的转速 n_0 时,异步电动机进入回馈制动运行(图5.7.3)。

当起重机快速放重物时,就会发生这种情况。这时重物拖动转子,使其转速 $n > n_0$,重物受到制动而等速下降。实际上这时电动机转入发电机运行,将重物的位能转换成电能而反馈到电网里去,所以称为发电反馈制动。

另外,当多速电动机从高速调到低速的过程中,也自然发生这种制动。因为刚将极对数 p 加倍时,磁场转速立即减半,但由于惯性,转子转速只能逐渐下降,因此就出现 $n > n_0$ 的情况。

5.8　三相异步电动机的铭牌数据

要正确使用电动机,必须看懂铭牌。今以 Y132M – 4 型电动机为例说明铭牌上各个数据的意义。此电动机的铭牌数据如下:

三相异步电动机				
型号 Y132M - 4	功率	7.5kW	频率	50Hz
电压 380V	电流	15.4A	接法	△
转速 1440 r/min	绝缘等级	B	工作方式	连续
年 月 编号			××电机厂	

此外,它的主要技术数据还有:功率因数 0.85,效率 87%。

5.8.1 型号

为了适应不同用途和不同工作环境的需要,将电动机制成不同的系列,每种系列用各种型号表示。

对 Y132M - 4 型号说明如下:

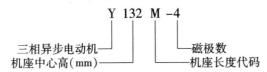

(S - 短机座;M - 中机座;L - 长机座)

异步电动机的产品名称代号及其汉字意义摘录于表 5.8.1 中。

表 5.8.1 异步电动机产品名称代码

产品名称	新代码	汉字意义
异步电动机	Y	异
绕线型异步电动机	YR	异绕
防爆型异步电动机	YB	异爆
高启动转矩异步电动机	YQ	异起

5.8.2 接法

这是指定子三相绕组的接法。一般笼型电动机的接线盒中有六根引线,标有 U_1、V_1、W_1、U_2、V_2、W_2。其中 U_1、U_2 是第一相绕组的两端;V_1、V_2 是第二相绕组的两端;W_1、W_2 是第三相绕组的两端。

如果 U_1、V_1、W_1 分别为三相绕组的始端(头),则 U_2、V_2、W_2 是相应的末端(尾)。

在接电源之前,这六个引出线端相互间必须正确连接。连接方法有星形(Y)和三角形(△)两种(图 5.8.1)。通常三相异步电动机自 3 kW 以下者,连接成星形;自 4 kW 以上者,连接成三角形。

5.8.3 电压

铭牌上所标的电压值是指电动机在额定运行时定子绕组上应加的线电压值。一般规定电动机的电压不应高于或低于额定值的5%。

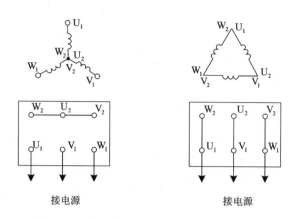

图 5.8.1　定子绕组的星形连接和三角形连接

当电压高于额定值时,磁通将增大(因 $U_1 \approx 4.44 f_1 N_1 \Phi$)。若所加电压较额定电压高出较多,这将使励磁电流大大增加,使绕组过热。同时,由于磁通增大,铁损(与磁通平方成正比)也就增大,使定子铁芯过热。

但常见的是电压低于额定值。这时引起转速下降,电流增加。在满载或接近满载的情况下,电流的增加将超过额定值,使绕组过热。还必须注意,在低于额定电压下运行时,和电压平方成正比的最大转矩 T_M 会显著地降低,这对电动机的运行也是不利的。

三相异步电动机的额定电压有 380 V、3 000 V 及 6 000 V 等多种。

5.8.4　电流

铭牌上所标的电流值是指电动机在额定运行时定子绕组的线电流值。当电动机空载时,转子转速接近于旋转磁场的转速,两者之间相对转速很小,所以转子电流近似为零,这时定子电流几乎全为建立旋转磁场的励磁电流。

当输出功率增大时,转子电流和定子电流都随着相应增大,如图 5.8.2 中 $I_1 = f(P_2)$ 曲线所示。图 5.8.2 是一台 10 kW 三相异步电动机的工作特性曲线。

5.8.5　功率与效率

铭牌上所标的功率值是指电动机在额定运行时轴上输出的机械功率值。输出功率与输入功率不等,其差值等于电动机本身的功率损耗,包括铜损、铁损及机械损耗等。所谓效率 η 就是输出功率与输入功率的比值。

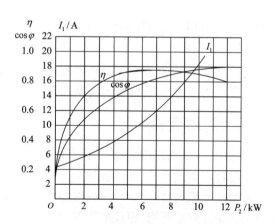

图 5.8.2　三相异步电动机的工作特性曲线

如以 Y132M－4 型电动机为例:

输入功率　$P_1 = \sqrt{3} U_L I_L \cos\varphi = \sqrt{3} \times 380 \times 15.4 \times 0.85$ W = 8.6 kW

输出功率　$P_2 = 7.5$ kW

效率　$\eta = \dfrac{P_2}{P_1} = \dfrac{7.5}{8.6} \times 100\% = 87\%$

一般笼型电动机在额定运行时的效率约为 $72\% \sim 93\%$。$\eta = f(P_2)$ 曲线如图 5.8.2 所示，在额定功率的 75% 左右时效率最高。

5.8.6　功率因数

因为电动机是电感性负载，定子相电流比相电压滞后 φ 角，$\cos\varphi$ 就是电动机的功率因数。

三相异步电动机的功率因数较低，在额定负载时约为 $0.7 \sim 0.9$，而在轻载和空载时更低，空载时只有 $0.2 \sim 0.3$。因此，必须正确选择电动机的容量，防止"大马拉小车"并力求缩短空载的时间。$\cos\varphi = f(P_2)$ 曲线如图 5.8.2 所示。

5.8.7　转速

由于生产机械对转速的要求不同，需要生产不同磁极数的异步电动机，因此有不同的转速等级。最常用的是四个极的（$n_0 = 1\ 500\ \text{r/min}$）。

5.8.8　绝缘等级

绝缘等级是按电动机绕组绝缘材料的容许极限温度分级的。所谓极限温度，是指电机绝缘结构中最热点的最高容许温度。技术数据见表 5.8.2。

表 5.8.2　绝缘的技术数据

绝缘等级	A	E	B	F	H
极限温度（℃）	105	120	130	155	180

5.9　三相异步电动机的选择

选择电动机时，既要使电动机的性能满足生产机械的要求，又要考虑周围环境的影响，同时还要尽可能节约投资，降低运行费用。一般来说，选择电动机要考虑以下方面。

5.9.1　功率选择

应根据生产机械所需要的功率和电动机的工作方式选择电动机的额定功率，使电动机的温度不超过而又接近或等于额定值。

如果电动机的功率选大了，虽然能保证正常运行，但不经济。因为这不仅使设备投资增加和电动机未被充分利用，而且由于电动机经常不是满载运行，效率和功率因数也都不高（见图 5.8.2）。如果电动机的功率选小了，就不能保证电动机和生产机械的正常运行，不能充分发挥生产机械的效能，并使电动机由于过载而过早损坏。电动机的功率是由生产机械所需的功率确定的。

对连续运行的电动机，先算出生产机械的功率，所选电动机的额定功率等于或稍大于生产机械的功率即可。

例如,车床的切削功率为

$$P_1 = \frac{Fv}{1\,000 \times 60}\ \text{kW}$$

式中:F 为切削力(N),它与切削速度、走刀量、吃刀量、工件及刀具的材料有关,可从切削用量手册中查取或经计算得出;v 为切削速度(m/min)。

电动机的功率则为

$$P = \frac{P_1}{\eta_1} = \frac{Fv}{1\,000 \times 60 \times \eta_1}\text{kW} \tag{5.9.1}$$

式中:η_1 为传动机构的效率。

而后根据计算出的功率 P 在产品目录上选择一台合适的电动机。其额定功率应为

$$P_N \geqslant P$$

又如拖动水泵的电动机的功率为

$$P = \frac{\rho QH}{102\eta_1\eta_2}\ \text{kW} \tag{5.9.2}$$

式中:Q 为流量,m^3/s;H 为扬程,即液体被压送的高度,m;ρ 为液体密度,kg/m^3;η_1 为传动机构的效率;η_2 为泵的效率。

【例 5.9.1】　一离心水泵的数据如下:$Q = 0.03\ \text{m}^3/\text{s}$,$H = 20\ \text{m}$,$n = 1\,460\ \text{r/min}$,$\eta_2 = 0.55$。今用一笼型电动机拖动并长期运行,电动机与水泵直接连接($\eta \approx 1$)。试选择电动机的功率。

【解】　$P = \dfrac{\rho QH}{102\eta_1\eta_2} = \dfrac{1\,000 \times 0.03 \times 20}{102 \times 1 \times 0.55}\ \text{kW} = 10.7\ \text{kW}$

选用 Y160M – 4 型电动机,额定功率 $P_N = 11\ \text{kW}(P_N > P)$,额定转速 $n_N = 1\,460\ \text{r/min}$。

5.9.2　电压和转速的选择

1. 电压的选择

根据电动机的容量和供电电压的情况选择电动机的额定电压。例如,中小容量三相笼型异步电动机的额定电压为 380 V,而大中容量的额定电压有 3 000 V、6 000 V 和 10 000 V 几种。

2. 转速的选择

电动机的额定转速是根据生产机械的要求选定的。但是,转速通常不低于 500 r/min。因为当功率一定时,电动机的转速愈低,则尺寸愈大,价格愈贵,而且效率也愈低。因此就不如购买高速电动机,再另配减速器合算。

异步电动机通常采用 4 个极的,即同步转速 $n = 1\,500\ \text{r/min}$。

5.9.3　种类和结构类型的选择

1. 种类的选择

选择电动机的种类是从交流、直流以及机械特性、调速与启动性能、维护及价格等方面考虑的。

因为生产场所一般用的都是三相交流电源,如果没有特殊要求,一般都应采用三相交流电

动机。因此,要求机械特性较硬而无特殊调速要求的一般生产机械的拖动应尽可能采用笼型电动机。在功率不大的水泵和通风机、运输机、传送带上,在机床的辅助运动机构(如刀架快速移动、横梁升降和夹紧等)上,差不多都采用笼型电动机。一些小型机床上也采用它作为主轴电动机。

绕线型电动机的基本性能与笼型相同。其特点是启动性能较好,并可在不大的范围内平滑调速。但是它的价格较笼型电动机贵,维护也较不便。因此,对某些起重机、卷扬机、锻压机及重型机床的横梁移动等不能采用笼型电动机的场合,才采用绕线型电动机。

2. 电气设备防护等级的选择

IP(lngress Protection)等级是针对电气设备外壳对异物侵入的防护等级,来源是国际电工委员会的标准 IEC 60529,IP 等防护级系统提供了一个以电器设备和包装的防尘、防水和防碰撞程度来对产品进行分类的方法。防护等级多以 IP 后跟随两个数字来表述,如电机的防护等级 IP65、防护等级 IP55 等来明确防护的等级。第一个数字表明设备接触保护和外来物保护(即防尘)等级,最高级别是 6;第二个数字表明设备防水保护等级,最高级别是 8。详见表5.9.1。

表 5.9.1　电气设备防护等级

接触保护和外来物保护等级(第一个数字)			防水保护等级(第二个数字)		
第一位	防护范围		第二位	防护范围	
	名称	说明		名称	说明
0	无防护		0	无防护	
1	防护 50 mm 直径和更大的固体外来体	探测器球体直径为50mm,不应完全进入	1	水滴防护	垂直落下的水滴不应引起损害
2	防护 12.5mm 直径和更大的固体外来体	探测器球体直径为12.5mm,不应完全进入	2	柜体倾斜15度时,防护水滴	柜体向任何一侧倾斜 15 度角时,垂直落下的水滴不应引起损害
3	防护 2.5mm 直径和更大的固体外来体	探测器球体直径为2.5mm.不应完全进入	3	防护溅出的水	以 60 度角从垂直线两侧溅出的水不应引起损害
4	防护 1.0mm 直径和更大的固体外来体	探测器球体直径为1.0mm,不应完全进入	4	防护喷水	从每个方向对准柜体的喷水都不应引起损害
5	防护灰尘	不可能完全阻止灰尘进入,但灰尘进入的数量不会对设备造成伤害	5	防护射水	从每个方向对准柜体的射水都不应引起损害

续表

接触保护和外来物保护等级(第一个数字)			防水保护等级(第二个数字)		
6	灰尘封闭	柜体内在 20 毫巴的低压时不应进入灰尘	6	防护强射水	从每个方向对准柜体的强射水都不应引起损害
注:探测器的直径不应穿过柜体的孔			7	防护短时浸水	柜体在标准压力下短时浸入水中时,不应有能引起损害的水量浸入
			8	防护长期浸水	可以在特定的条件下浸入水中,不应有能引起损害的水量浸入

3. 安装类型的选择

各种生产机械因整体设计和传动方式不同,在安装上对电动机也会有不同的要求。国产三相异步电动机的几种主要安装结构类型主要有如表 5.9.2 所示。

表 5.9.2　电动机的安装结构类型

型式代号	安装结构类型	说明
B_3	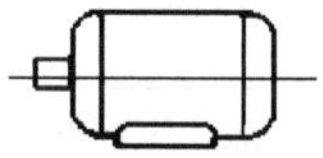	卧式,机座带底脚,端盖上无凸缘
B_5	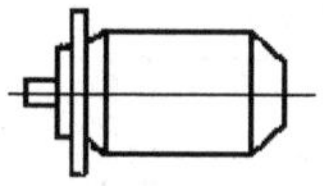	卧式,机座不带底脚,端盖上有凸缘
B_{35}	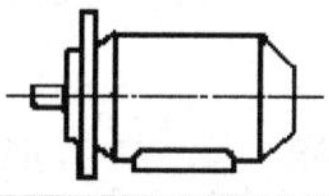	卧式,机座带底脚,端盖上有凸缘
型式代号	安装结构类型	说明
V_1	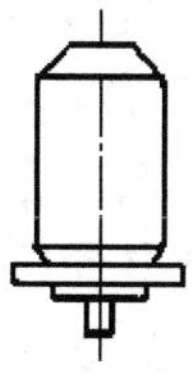	立式,机座不带底脚,端盖上有凸缘

习　　题

5.1　某三相异步电动机定子电压的频率 $f_1 = 50$ Hz,极对数 $p = 1$,转差率 $s = 0.015$。求同步转速 n_0、转子转速 n 和转子电流频率 f_2。

5.2　某三相异步电动机 $p=1,f_1=50$ Hz$,s=0.02,P_2=30$ kW$,T_0=0.51$ N·m。求:(1)同步转速 n_0;(2)转子转速 n;(3)输出转矩;(4)电磁转矩。

5.3　一台4个磁极的三相异步电动机,定子电压380 V,频率50 Hz,三角形连接。在负载转矩 $T_L=133$ N·m 时,定子线电流为47.5 A,总耗损为5 kW,转速为1 440 r/min。求(1)同步转速;(2)转差率;(3)功率因数;(4)效率。

5.4　某三相异步电动机定子电压380 V,三角形连接。当负载转矩为51.6 N·m 时,转子转速为740 r/min,效率为80%,功率因数为0.8。求:(1)输出功率;(2)输入功率;(3)定子线电流和相电流。

5.5　某三相异步电动机$,P_N=30$ kW$,n_N=980$ r/min$,K_M=2.2,K_S=2.0$。求:(1)$U_1=U_N$ 时的 T_M 和 T_S;(2)$U_1=0.8U_N$ 时的 T_M 和 T_S。

5.6　有一台三相异步电动机磁极数为4$,P_N=4.5$ kW$,U_N=220/380$ V$,\eta_N=85\%$,$\cos\varphi_N=0.88$。试求电源电压为380 V 和220 V 两种情况下,定子绕组的连接方法和额定电流的大小。

5.7　某三相异步电动机 $P_N=11$ kW$,U_N=380$ V$,n_N=2\ 900$ r/min$,\eta_N=85.5\%$,$\cos\varphi_N=0.88$。试问:(1)$T_L=40$ N·m 时,电动机是否过载?(2)$I_1=10$ A 时,电动机是否过载?

5.8　Y160M-2型三相异步电动机$,P_N=15$ kW$,U_N=380$ V,三角形连接$,n_N=2\ 930$ r/min$,\eta_N=88.2\%$,$\cos\varphi_N=0.88$。$K_C=7,K_M=2.2,K_S=2.0$,启动电流不允许超过150 A。若 $T_L=60$ N·m,试问能否带此负载长期运行、短时运行或直接启动。

5.9　已知Y132S-4型三相异步电动机的额定技术数据如下:

功率	转速	电压	效率	功率因数	I_S/I_N	T_S/T_N	T_M/T_N
5.5 kW	1 440 r/min	380 V	85.5%	0.84	7	2.2	2.2

电源频率为50 Hz。试求额定状态下的转差率 s_N,电流 I_N 和转矩 T_N,以及启动电流 I_S,启动转矩 T_S,最大转矩 T_M。

5.10　某三相异步电动机 $P_N=30$ KW$,U_N=380$ V,三角形连接$,I_N=63$ A$,n_N=740$ r/min$,K_S=1.8,K_C=6,T_L=0.9T_N$,由 $S_N=200$ kV·A 的三相变压器供电。电动机启动时,要求从变压器取用的电流不得超过变压器的额定电流。试问:(1)能否直接启动?(2)能否采用星形-三角形启动?(3)能否选用 $K_A=0.8$ 的自耦变压器启动?

5.11　某三相异步电动机 $P_N=5.5$ KW$,U_N=380$ V,三角形联接$,I_N=11.1$ A$,n_N=2\ 900$ r/min$,K_S=2.0,K_C=7.0$。由于启动频繁,要求启动时电动机的电流不得超过额定电流的3倍。若 $T_L=10$ N·m,试问可否采用:(1)直接启动?(2)采用星形-三角形启动?(3)选用 $K_A=0.5$ 的自耦变压器启动?

5.12　三相笼型异步电动机拖动某生产机械运行。当 $f_1=50$ Hz 时$,n=2\ 930$ r/min,当 $f_1=40$ Hz 和60 Hz 时,转差率都为 $s=0.035$。求这两种频率时的转子转速。

第 6 章　继电接触器控制系统

现代机床和生产机械的运动部件大多是由电动机带动的。因此,在生产过程中要对电动机进行控制,使生产机械各部件的动作按顺序进行,保证生产过程和加工工艺合乎预定要求。对电动机主要是控制它的启动、停止、正反转、制动及工作顺序。

任何复杂的控制线路都是由一些元器件和单元电路组成。因此,在本章中先介绍一些常用控制电器和基本控制线路,而后讨论应用实例。

6.1　常用控制电器

6.1.1　组合开关

在机床电气控制线路中,组合开关(又称转换开关)常用作电源引入开关,也可以用它直接启动和停止小容量笼型电动机或使电动机正反转,局部照明电路也常用它控制。其结构示意图和图形符号如图 6.1.1 所示。

组合开关的种类很多,常用的有 HZ10 等系列的。这种系列的组合开关有三对静触片,每个触片的一端固定在绝缘垫板上,另一端伸出盒外,连在接线柱上。三个动触片套在装有手柄的绝缘转动轴上,转动转轴就可以将三个触点(彼此相差一定角度)同时接通或断开。图 6.1.2 是用组合开关启动和停止异步电动机的接线图。

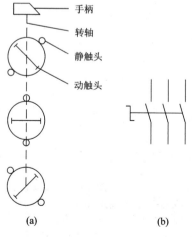

(a)　　　　　　　(b)

图 6.1.1　组合开关示意图和图形符号
(a)示意图;(b)图形符号

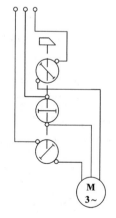

图 6.1.2　用组合开关
启停电动机接线图

组合开关有单极、双极、三极和四极几种,额定持续电流有 10、25、60 和 100 A 等多种。

6.1.2　按钮

按钮通常用来接通或断开电流很小的控制电路,从而控制电动机或其他电气设备的运行。

图6.1.3是一种按钮的剖面图和图形符号。将按钮帽按下时,下面一对原来断开的静触点与动触点接通,以接通某一控制电路;而上面一对原来接通的静触点则被断开,以断开另一控制电路。原来就接通的触点称为动断触点或常闭触点;原来就断开的触点称为动合触点或常开触点。

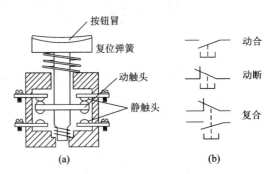

图6.1.3　按钮剖面图和图形符号

(a)示意图;(b)图形符号

6.1.3　交流接触器

交流接触器常用来接通和断开电动机或其他主电路,每个小时可开闭千余次。

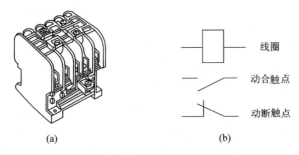

图6.1.4　交流接触器外形图和图形符号

(a)交流接触器外形图;(b)图形符号

交流接触器主要由电磁铁和触点两部分组成,是利用电磁铁的吸引力动作的。图6.1.4是交流接触器的外形图和图形符号。图6.1.5是交流接触器的结构图。当按钮按下时,吸引线圈通电,吸引山字形动铁芯(上铁芯),而使动合触点闭合。

根据用途不同,接触器的触点分主触点和辅助触点两种。辅助触点通过电流较小,常接在电动机的控制电路中;主触点能通过较大电流,接在电动机的主

电路中。例如,CJ10-20型交流接触器有三个动合主触点,四个辅助触点(两个动合,两个动断)。

当主触点断开时,触点间产生电弧,会烧坏触点,并使切断时间拉长,因此,必须采取灭弧措施。通常交流接触器的触点都做成桥式,它有两个断点,以降低当触点断开时加在断点上的电压,使电弧容易熄灭;并且相间有绝缘隔板,以免短路。在电流较大的接触器中还专门设有灭弧装置。

为了减小铁损,交流接触器的铁芯由硅钢片叠成。为了消除铁芯的颤动和噪音,在铁芯端面的一部分套有短路环。

在选用接触器时,应注意它的额定电流、线圈电压及触点数量等。CJ10系列接触器的主触

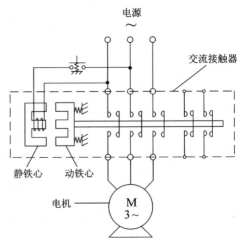

图6.1.5　交流接触器示意图

点额定电流有 5、10、20、40、60、100、150 A 等数种;线圈额定电压通常是 220 V 或 380 V,也有 36 V 和 127 V 的。

常用的交流接触器还有 CJ40、CJ12、CJ20 等系列。

6.1.4　中间继电器

中间继电器通常用来传递信号和同时控制多个电路,也可直接用它来控制小容量电动机或其他电气执行元件。中间继电器的结构和交流接触器基本相同,只是电磁系统小些,触点多些。

常用的中间继电器有 JZ7 系列和 JZ8 系列两种,后者是交直流两用的。此外,还有 JTX 系列小型通用继电器,常用在自动装置上以接通或断开电路。

在选用中间继电器时,主要是考虑电压等级和触点(动合和动断)数量。

6.1.5　热继电器

热继电器用来保护电动机使之免受长期过载的危害。

热继电器是利用电流的热效应动作的,它的原理图和图形符号如图 6.1.6 所示。热元件是一段电阻不大的电阻丝,接在电动机的主电路中。双金属片系由两种具有不同线膨胀系数的金属辗压而成。图中,下层金属的膨胀系数大,上层的小。当主电路中电流超过容许值而使双金属片受热时,它便向上弯曲,因而脱扣,扣板在弹簧的拉力下将动断触点断开。动断触点是接在电动机的控制电路中的。控制电路断开而使接触器的线圈断电,从而断开电动机的主电路。

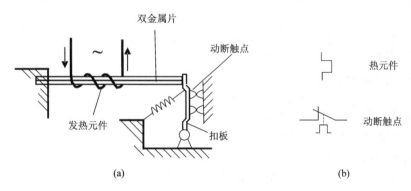

图 6.1.6　热继电器原理图和图形符号
(a)结构图;(b)图形符号

由于热惯性,热继电器不能作短路保护。因为发生短路事故时,要求电路立即断开,而热继电器是不能立即动作的。但是,这个热惯性也是合乎要求的,在电动机启动或短时过载时,热继电器不会动作,这可避免电动机的不必要停车。

如果要热继电器复位,按下复位按钮即可。

通常用的热继电器有 JR20、JR15 和引进的 JRS 等系列。热继电器的主要技术数据是整定电流。所谓整定电流,就是热元件中通过的电流超过此值的 20% 时,热继电器应当在 20 min 内动作。热元件有多种额定整定电流等级,例如 JR15 – 10 型有 2.4 A ~ 11 A 五个等级。为了配合不同电流的电动机,热继电器配有"整定电流调节装置",调节范围为额定整定电流的

66% ~100%。整定电流与电动机的额定电流基本上一致。

6.1.6 熔断器

熔断器是最简便的而且是最有效的短路保护电器。熔断器中的熔片或熔丝用电阻率较高的易熔合金制成,例如铅锡合金等;或用截面积甚小的良导体制成,例如铜、银等。其外形图和图形符号如图 6.1.7 所示。在线路正常工作情况下,熔断器中的熔丝或熔片不应熔断。一旦发生短路或严重过载时,熔断器中的熔丝或熔片应立即熔断。

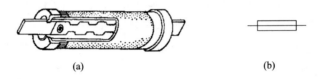

(a)   (b)

图 6.1.7 管式熔断器和图形符号

(a)管式熔断器;(b)图形符号

选择熔丝的方法如下。

(1)电灯支路的熔丝

电灯支路的熔丝按下式选择

熔丝额定电流≥支路所有电灯上的电流和

(2)一台电动机的熔丝

为了防止电动机启动时电流较大而将熔丝烧断,因此熔丝不能按电动机的额定电流选择,应按下式计算

$$熔丝额定电流 \geqslant \frac{电动机的启动电流}{2.5}$$

如果电动机启动频繁,则为

$$熔丝额定电流 \geqslant \frac{电动机的启动电流}{1.6 \sim 2}$$

(3)几台电动机合用的总熔丝

一般可粗略地按下式计算:

$$熔丝额定电流 = (1.5 \sim 2.5) \times 容量最大的电动机的额定电流 + 其余电动机的额定$$
$$电流之和$$

6.1.7 自动空气断路器

自动空气断路器也叫自动开关,是一种常用的低压保护电器,可实现短路、过载和失压保护。它的结构形式很多,图 6.1.8 是一般原理图。它的主触点通常是由手动操作机构闭合的。开关的脱扣机构是一套连杆装置。当主触点闭合后就被锁钩锁住。如果电路中发生故障,脱扣机构就在脱扣器的作用下将锁钩脱开,于是主触点在释放弹簧的作用下迅速分断。脱扣器有过流脱扣器和欠压脱扣器等,它们都是电磁铁制成的。在正常情况下,过流脱扣器的衔铁是释放着的,一旦发生严重过载或短路故障,与主电路串联的线圈(图中只画出一相)就产生较强的电磁吸力把衔铁往下吸而顶开锁钩,使主触点断开。欠压脱扣器的工作恰恰相反,在电压正常时,吸住衔铁,主触点才得以闭合,一旦电压严重下降或断电时,衔铁就被释放而使主触点

断开。当电源电压恢复正常时,必须重新合闸后才能工作,实现了失压保护。

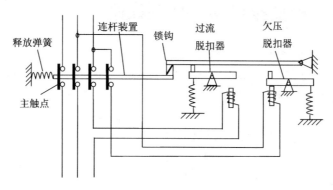

图 6.1.8　自动空气断路器原理图

另有一种断路器是具有双金属片过载脱扣器。

常用的自动空气断路器有 DZ、DW 等系列。

常用电机、电器的图形符号见表 6.1.1

表 6.1.1　常用电机、电器的图形符号

名称	符号	名称		符号	名称		符号
三相鼠笼型异步电动机	M 3~	按钮	动合		时间继电器	通电延时线圈	
			动断				
三相绕线型异步电动机	M 3~		复合			断电延时线圈	
直流电动机	M	交流接触器	线圈			动合延时闭合	
单相变压器			主触点			动断延时断开	
三极开关			动合			动合延时断开	
熔断器			动断			动断延时闭合	
信号灯	⊗	行程开关	动合		热继电器	热元件	
电铃			动断			动断触点	

6.2　笼型电动机直接启动的控制线路

图6.2.1是中、小容量笼型电动机直接启动的控制线路,其中用了组合开关Q、交流接触器KM、按钮SB、热继电器FR及熔断器FU等几种电器。

先将组合开关Q闭合,为电动机启动做好准备。当按下启动按钮SB_2时,交流接触器KM的线圈通电,动铁芯被吸合而将三个主触点闭合,电动机M便启动。当松开SB_2时,它在弹簧的作用下恢复到断开位置。但是,由于与启动按钮并联的辅助触点和主触点同时闭合,因此接触器线圈的电路仍然接通,而使接触器触点保持在闭合位置。这个辅助触点称为自锁触点。如将停止按钮SB_1按下,则将线圈的电路切断,动铁芯和触点恢复到断开的位置。

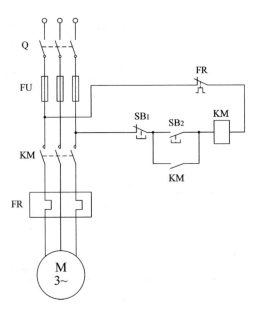

图6.2.1　直接启动控制线路

采用上述控制线路还可实现短路保护、过载保护和零压保护。

起短路保护的是熔断器FU。一旦发生短路事故,熔丝立即熔断,电动机立即停车。

起过载保护的是热继电器FR。当过载时,它的热元件发热,将动断触点断开,使接触器线圈断电,主触点断开,电动机也就停下来。热继电器有两相结构的,就是有两个热元件,分别串接在任意两相中。这样不仅在电动机过载时有保护作用,而且当任意一相熔丝熔断后作单相运行时,仍有一个或两个热元件中通有电流,电动机因而也得到保护。为了更可靠地保护电动机,热继电器做成三相结构,就是有三个热元件,分别串接在各相中。

所谓零压(或失压)保护就是当电源暂时断电或电压严重下降时,电动机即自动从电源切除。因为这时接触器的动铁芯释放而使主触点断开。当电源电压恢复正常时如不重按启动按钮,电动机不能自行启动,因为自锁触点亦已断开。当不采用继电接触器控制而直接用刀开关或组合开关进行手动控制时,由于在停电时未及时断开开关,所以,当电源电压恢复时,电动机即自行启动,可能造成事故。

控制电源的功率很小,因此可以通过小功率的控制电路控制功率较大的电动机。

在原理图中,同一电器的各部件(譬如接触器的线圈和触点)是分散的。为了识别起见,它们用同一文字符号表示。

在不同的工作阶段,各个电器的动作不同,触点时闭时开。而在原理图中只能表示出一种情况。因此,规定所有电器的触点均表示在起始情况下的位置,即在没有通电或没有发生机械动作时的位置。对接触器来说,是动铁芯未被吸合时的位置;对按钮来说,是在未按下时的位置等等。在起始的情况下,如果触点是断开的,则称为动合触点或常开触点(因为一动就合);如果触点是闭合的,则称为动断触点或常闭触点(因为一动就断)。

如果将图 6.2.1 中的自锁触点 KM 除去,则可对电动机实现点动控制,就是按下启动按钮 SB_2,电动机就转动,一松手就停止。这在生产上也是常用的,例如在调整时用。

6.3 笼型电动机正反转的控制线路

在生产上往往要求运动部件向正反两个方向运动,例如,机床工作台的前进与后退,主轴的正转与反转,起重机的提升与下降等等。为了实现正反转,在学习三相异步电动机的工作原理时已经知道,只要将接到电源的任意两根连线对调即可。为此,只要用两个交流接触器就能实现这一要求(图 6.3.1)。当正转接触器 KM_F 工作时,电动机正转;当反转接触器 KM_R 工作时,由于调换了两根电源线,所以电动机反转。

如果两个接触器同时工作,那么从图 6.3.1 可以见到,将有两根电源线通过它们的主触点而将电源短路了。所以,对正反转控制线路最根本的要求是:必须保证两个接触器不能同时工作。

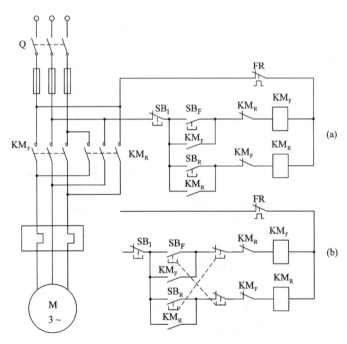

图 6.3.1　笼型电动机正反转的控制线路
(a)电气互锁;(b)机械互锁和电气互锁

这种在同一时间里两个接触器只允许一个工作的控制作用称为互锁或连锁。下面分析两种有连锁保护的正反转控制线路。

图 6.3.1(a)所示的控制线路中,正转接触器 KM_F 的一个动断辅助触点串接在反转接触器 KM_R 的线圈电路中,而反转接触器的一个动断辅助触点串接在正转接触器的线圈电路中。这两个动断触点称为连锁触点。这样一来,当按下正转启动按钮 SB_F 时,正转接触器线圈通电,主触点 KM_F 闭合,电动机正转。与此同时,连锁触点断开了反转接触器 KM_R 的线圈电路。因此,即使误按反转启动按钮 SB_R,反转接触器也不能动作。

　　但是这种控制电路有个缺点,就是在正转过程中要求反转,必须先按停止按钮 SB_1,让联锁触点 KM_F 闭合后,才能按反转启动按钮使电动机反转,带来操作上不方便。为了解决这个问题,在生产上常采用复式按钮和触点连锁的控制电路,如图 6.3.1(b) 所示。当电动机正转时,按下反转启动按钮 SB_R,它的动断触点断开,而使正转接触器的线圈 KM_F 断电,主触点 KM_F 断开。与此同时,串接在反转控制电路中的动断触点 KM_F 恢复闭合,反转接触器的线圈通电,电动机就反转。同时串接在正转控制电路中的动断触点 KM_R 断开,起连锁保护作用。

6.4　行程控制

　　行程控制,就是当运动部件到达一定行程位置时采用行程开关进行控制。

　　行程开关的种类很多,常用的有 LX 等系列。图 6.4.1 是一般结构图,图中有一个动合触点和一个动断触点。行程开关是由装在运动部件上的挡块撞动的。

　　图 6.4.2 是用行程开关来控制工作台前进与后退的示意图和控制电路。

　　行程开关 SQ_a 和 SQ_b 分别装在工作台的原位置和终点位置,由装在工作台上的挡块来撞动。工作台由电动机 M 带动。电动机的主电路和图 6.3.1 中的是一样的,控制电路也只是多了行程开关的三个触点。

　　工作台在原位时,其上挡块将原位行程开关 SQ_a 压下,将串接在反转控制电路中的动断触点压开。这时电动机不能反转。按下正转启动按钮 SB_F,电动机正转,带动工作

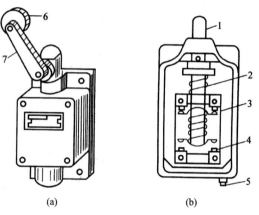

图 6.4.1　行程开关外形及内部结构
(a)外形;(b)内部结构
1—触杆;2—弹簧;3—常闭触点;4—常开触点;
5—接地螺丝;6—滚轮;7—摇臂

台前进。当工作台到达终点时(譬如这时机床加工完毕),挡块压下终点行程开关 SQ_b,将串接在正转控制电路中的动断触点 SQ_b 压开,电动机停止正转。与此同时,将反转控制电路中的动合触点 SQ_b 压合,电动机反转,带动工作台后退。退到原位后,挡块压下 SQ_a,将串接在反转控制电路中的动断触点压开,于是电动机在原位停止。

　　如果工作台在前进中按下反转按钮 SB_R,工作台立即后退,到原位停止。

　　行程开关除用来控制电动机的正反转外,还可实现终端保护、自动循环、制动和变速等各项要求。

6.5　时间控制

　　时间控制,就是采用时间继电器进行延时控制。例如,电动机的 Y - △ 换接启动,先是 Y 连接,经过一定时间待转速上升到接近额定值时换成△连接,就得用时间继电器控制。

　　时间继电器可分为通电延时和断电延时两种。通电延时的时间继电器有两副延时触点:一副是延时断开的动断触点;一副是延时闭合的动合触点。此外,还有两副瞬时动作的触点,

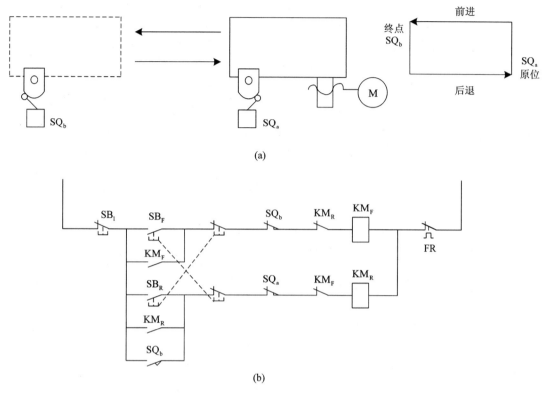

图 6.4.2　用行程开关来控制工作台前进与后退

(a)示意图;(b)控制电路

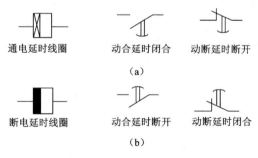

图 6.5.1　时间继电器图形符号

(a)通电延时继电器;(b)断电延时继电器

即一副动合触点和一副动断触点。断电延时的时间继电器也有两副延时触点:一副是延时闭合的动断触点;另一副是延时断开的动合触点。此外还有两副瞬时动作的触点,即一副动合触点和一副动断触点。时间继电器的图形符号如图 6.5.1 所示。

在继电接触器控制线路中,常用的时间继电器有空气式、电动式和电子式等几种。

电子式时间继电器分晶体管式和数字式两种。常用的晶体管式时间继电器有 JS20、JS15、JS14A、JSJ 等系列。其中 JS20 是全国统一设计产品,延时范围有 0.1~180s、0.1~300s、0.1~300s 三种,适用于交流 50 Hz、380 V 及以下或直流 110 V 及以下的控制电路中。

数字式时间继电器分为电源分频式、RC 振荡式和石英分频式三种,有 DH48S、DH14S、JS14S 等系列。DH48S 系列的延时范围为 0.01s~99h99 min,可任意设置,且精度高、体积小、功耗小、性能可靠。

下面举两个时间控制的基本线路。

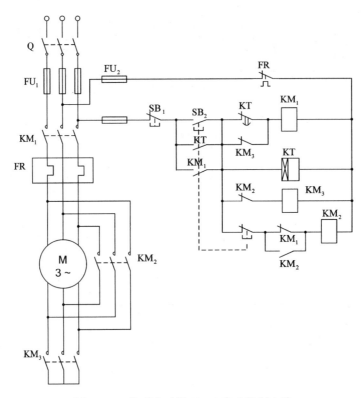

图 6.5.2　笼型电动机 Y - △ 启动控制电路

1. 笼型电动机 Y - △ 启动的控制线路

图 6.5.2 是笼型电动机 Y - △ 启动的控制电路,其中用了通电延时的时间继电器 KT 的两个触点:延时断开的动断触点和瞬时闭合的动合触点。KM$_1$、KM$_2$、KM$_3$ 是三个交流接触器。启动时 KM$_3$ 工作,电动机线圈接成 Y 形;运行时 KM$_2$ 工作,电动机线圈接成 △ 形。线路的动作顺序如下:

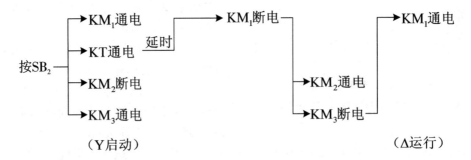

本线路的特点是在接触器 KM$_1$ 断电的情况下进行 Y - △ 换接,这样可以避免当 KM$_3$ 的动合触点尚未断开时 KM$_2$ 已吸合而造成电源短路;同时接触器 KM$_3$ 的动合触点在无电下断开,不发生电弧,可延长使用寿命。

2. 笼型电动机能耗制动的控制线路

这种制动方法是在断开三相电源的同时,接通直流电源,使直流通入定子绕组产生制动转矩。

图 6.5.3 是能耗制动线路,其中用了图 6.5.1 断电延时的时间继电器 KT 的一个延时断开的动合触点。直流电流由接成桥式的整流电源供给。在制动时,动作次序如下:

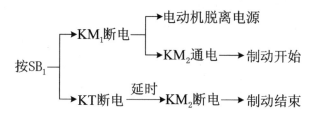

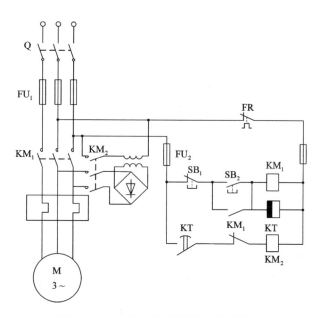

图 6.5.3　笼型电动机能耗制动控制线路

6.6　典型控制电路举例

在上述各节中分别讨论了常用控制电器、控制原则及基本控制线路。现举两个生产机械的具体控制线路,以提高对控制线路的综合分析能力。

6.6.1　加热炉自动上料控制线路

图 6.6.1 是加热炉自动上料的控制线路,动作次序见图 6.6.2。

图 6.6.1 中的动触点 KM_{R1} 和 KM_{F1}、KM_{R2} 和 KM_{F2} 是电动机正反转控制的连锁触点。

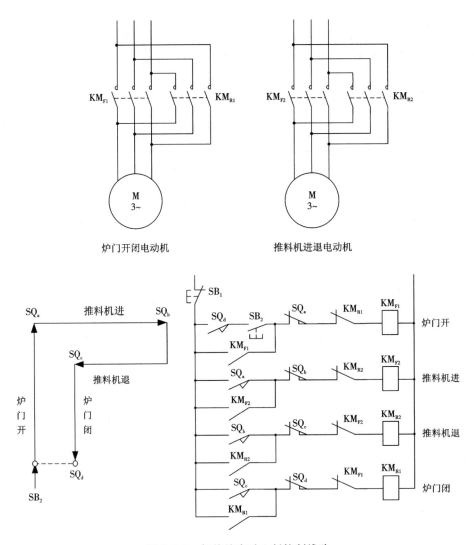

图 6.6.1　加热炉自动上料控制线路

6.6.2　带式运输机顺序控制系统

在建筑工地上,常用带式运输机运送沙料等物品,其工作过程示意图 6.6.3 所示。

1.三台带式运输机联动控制对系统的要求

(1)电动机启动顺序

电动机启动时,顺序为 M_3、M_2、M_1,并要有一定的时间间隔,以免沙料在输送带上堆积,造成后面的输送带重载启动。

(2)电动机停车顺序

电动机的停车顺序为 M_1、M_2、M_3,且也应有一定的时间间隔,以保证停车后输送带上不残存沙料。

(3)电动机过载

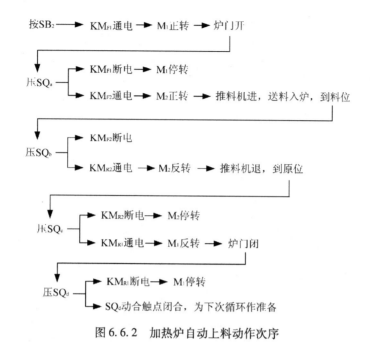

图 6.6.2　加热炉自动上料动作次序

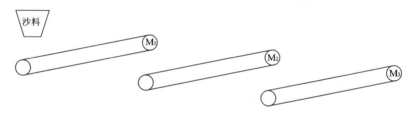

图 6.6.3　带式运输机工作过程示意图

无论哪台电动机过载,所有电动机必须按顺序停车,以免造成沙料堆积。

(4)电动机的保护

电动机控制系统应有失压、过载和短路等保护。

按控制要求,发出启动指令后,3 号带式运输机立即启动,延时 t_1 后,2 号带式运输机自行启动,再经一时间 t_2 后,1 号带式运输机启动。延时时间利用通电延时时间继电器完成。

在停车时发出停车指令,1 号带式运输机立即停车;经一定时间间隔,2 号带式运输机自动停车;再经一定时间间隔,3 号带式运输机停车。对 2 号及 3 号带式运输机停车信号的延时输入,也采用通电延时时间继电器完成。

2. 实际控制系统分析

三台带式运输机联动控制的电路如图 6.6.4 所示。电路中设置 $KR_1 \sim KR_3$ 的常闭触头与 KA 线圈串联,用于过载停车保护。与启动按钮 SB1 并联的 KA 自锁触头兼有失电压保护的作用。为实现过载时按顺序停车的要求,用 KA 的常闭触头控制 KT_3 和 KT_4。

联动控制工作原理分析如下。

(1)启动

合上 Q、$Q_1 \sim Q_3$,按下启动按钮 SB_2,KA 得电吸合并自锁,互锁 KT_3,KM_3 通电,电动机 M_3

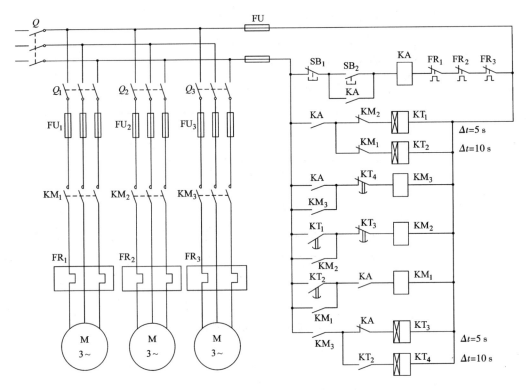

图 6.6.4　带式运输机联动控制电路

启动运行,而 KT_2 和 KT_1 均通电,开始延时。5 s 后,KT_1 的延时闭合的动合触点闭合,KM_2 通电,M_2 启动且断开 KT_1 线圈电路。10 s 时,KT_2 的延时闭合的动合触点闭合,KM_1 通电,M_1 启动且断开 KT_2 线圈电路,KM_1 和 KM_2 的动合触点均以自锁触头维持吸合。

（2）停车

按下停车按钮 SB_1,KA 失电,常开触头复位,断开 KM_1 线圈电路,M_1 停车。动断触点复位接通 KT_3、KT_4 线圈电路,开始延时,延时 5 s 后,KT_3 延时断开的动断触点动作,切断 KM_2 线圈电路,M_2 停车;延时 10 s 时,KT_4 延时断开的动断触点动作,切断 KM_3 线圈电路,M_3 停车,同时,KM_3 常开触头打开,断开 KT_3、KT_4 线圈电路。

习　题

6.1　试画出三相笼型电动机既能连续工作、又能点动工作的继电接触器控制线路。

6.2　图 6.01 所示的各电路能否控制异步电动机的启、停,为什么？

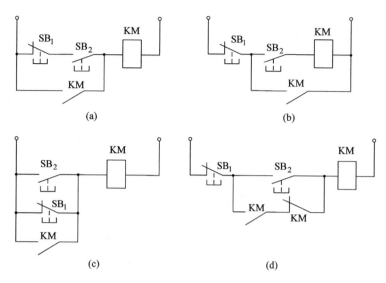

图 6.01 习题 6.2 的图

6.3 某机床的主电动机(三相笼型)为 7.5kW,380V,15.4A,1440r/min,不需正反转。工作照明灯是 36V,40W。要求有短路、零压及过载保护。试绘出控制线路并选用电器元件。

6.4 某机床主轴由一台笼型电动机带动,润滑油泵由另一台笼型电动机带动。今要求:(1)主轴必须在油泵开动后才能开动;(2)主轴要求能用电器实现正反转,并能单独停车;(3)有短路、零压及过载保护。试绘出控制线路。

6.5 在图 6.02 中,要求按下启动按钮后顺序完成下列动作:(1)运动部件 A 从 1 到 2;(2)接着 B 从 3 到 4;(3)接着 A 从 2 回到 1;(4)接着 B 从 4 回到 3。试绘出控制线路。

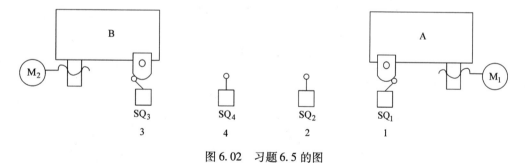

图 6.02 习题 6.5 的图

6.6 图 6.03 是电动葫芦(一种小型起重设备)的控制线路,试分析其工作过程。

6.7 根据下列五个要求,分别绘出控制电路(M_1 和 M_2 都是三相笼型电动机):(1)电动机 M_1 先启动后,M_2 才能启动,M_2 并能单独停车;(2)M_1 先启动,经过一定延时后 M_2 能自行启动;(3)M_1 先启动,经过一定延时后 M_2 能自行启动,M_2 启动后,M_1 立即停车;(4)启动时,M_1 启动后 M_2 才能启动;停止时,M_2 停止后 M_1 才能停止。

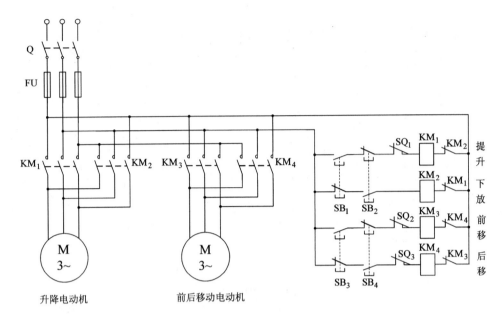

图 6.03　习题 6.6 的图

第 7 章 可编程序控制器及其应用

虽然继电接触器控制系统在生产中得到广泛应用,但由于它的机械触点多、接线复杂、可靠性低、功耗高,并当生产工艺流程改变时须重新设计和改装控制线路,通用性和灵活性也较差,因此不能满足现代化生产过程复杂多变的控制要求。可编程序控制器(PLC)是将继电接触器的优点与计算机技术、自动控制技术和通信技术相结合的一种新型的、实用的自动控制装置,用"软件编程"代替继电器控制的"硬件接线"。它被广泛地应用于工业控制领域,具有可靠性好、稳定性高、实时处理能力强、使用灵活方便、编程容易等特点。

本章以西门子公司的 S7 – 200 系列小型 PLC 为例,介绍系统的组成、工作原理及编程应用。

7.1 可编程控制器的基本概念

7.1.1 可编程控制器的结构

PLC 的种类繁多,功能和指令系统也不尽相同,但结构和工作方式大同小异,一般由主机、输入/输出接口、电源、编程器、扩展接口和外部设备接口等几个主要部分构成,如图 7.1.1 所示。如果把 PLC 看做一个系统,外部的各种开关信号或模拟信号均为输入变量,它们经输入接口寄存到 PLC 内部的数据寄存器中,而后按用户程序要求进行逻辑运算或数据处理,最后以输出变量形式送到输出接口,从而控制输出设备。

1. 主机

主机部分包括中央处理器(CPU)、系统程序存储器和用户程序存储器及数据存储器。CPU 是 PLC 的核心,起着总指挥的作用。它主要用来运行用户程序,监控输入/输出接口状态,作出逻辑判断和进行数据处理。即读取输入变量,完成用户指令规定的各种操作,将结果送到输出端,并响应外部设备(如编程器、打印机、条码扫描仪等)的请求以及进行各种内部诊断等。

PLC 的内部存储器有两类。一类是系统程序存储器,主要存放系统管理和监控程序及对用户程序作编译处理的程序。系统程序已由厂家固定,用户不能更改。另一类是用户程序及数据存储器,主要存放用户编制的应用程序及各种暂存数据和中间结果。

CPU226 集成 24 路输入和 16 路输出,共 40 个数字量 I/O 点,可连接 7 个扩展模块,最大扩展至 248 路数字量 I/O 点或 35 路模拟量 I/O 点。它包括 13kB 程序和数据存储空间,扫描速度为 $0.37\mu s$/指令,6 个独立的 30kHz 高速计数器,2 路独立的 20kHz 高速脉冲输出,具有 PID 控制器。它有两个 RS485 通信/编程口,具有 PPI 通信协议、MPI 通信协议和自由方式通信能力。

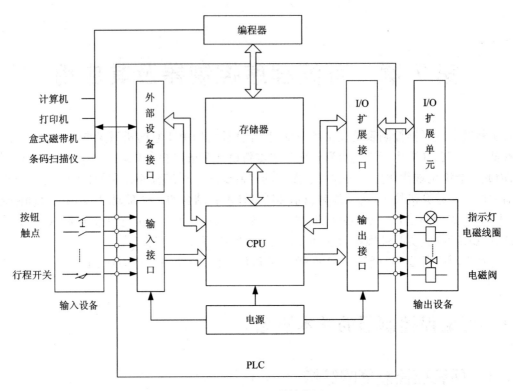

图 7.1.1　PLC 硬件结构图

2. 输入/输出(I/O)接口

I/O 接口是 PLC 与输入/输出设备连接的部件。输入接口接受输入设备(如按钮、行程开关、各种继电器触点、传感器等)的控制信号。输出接口是将经主机处理过的结果通过输出电路去驱动输出设备(如继电器、接触器、电磁阀、指示灯等)。

(1)输入继电器(I)

输入继电器和 PLC 的输入端子相连,是专设的输入过程映像寄存器,用来接收外部传感器或开关元件发来的信号。输入继电器一般采用八进制编号,一个端子占用一个点。输入继电器不能由程序驱动,触点不能直接输出带负载。

(2)输出继电器(Q)

输出继电器是 PLC 向外部负载发出控制命令的窗口,是专设的输出过程映像寄存器。输出继电器的外部输出触点接到输出端子上,以控制外部负载。输出继电器的外部输出执行器件有继电器、晶体管和晶闸管三种。当程序驱动输出继电器接通时,它所连接的外部电器被接通,同时输出继电器的常开、常闭触点动作,可在程序中使用。

(3)内部辅助继电器(M)

内部辅助继电器不能直接驱动外部设备,它可由 PLC 中各种继电器的触点驱动,作用与继电器控制中的中间继电器相似。每个内部辅助继电器带有若干个常开和常闭触点,供编程使用。

3. 电源

PLC 的电源是指为 CPU、存储器、I/O 接口等内部电路工作所配备的直流稳压电源。I/O

接口电路的电源相互独立,以避免或减小电源间的干扰。通常也为输入设备提供直流电源。

4. 编程器

编程器也是 PLC 的一种重要的外部设备,用于手持编程。用户可以用它输入、检查、修改、调试程序或用它监视 PLC 的工作情况。除手持编程器外,目前使用较多的是利用通信电缆将 PLC 和计算机连接,并利用专用的工具软件进行编程或监控。

5. 输入/输出扩展接口

I/O 扩展接口用于将扩充外部输入/输出端子数的扩展单元与基本单元(即主机)连接在一起。

6. 外部设备接口

此接口可将编程器、计算机、打印机、条码扫描仪等外部设备与主机相连,以完成给定操作。

7.1.2　可编程控制器的工作原理

1. PLC 的等效电路

PLC 可看做一个执行逻辑功能的工业控制装置。它的等效电路可分为输入部分、内部控制电路、输出部分,如图 7.1.2 所示。

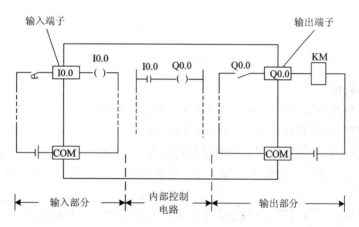

图 7.1.2　PLC 等效电路

1)输入部分　输入部分的作用是收集被控设备的信息或操作命令,图 7.1.2 中 I0.0 即为输入继电器。它们由接到输入端的外部信号驱动,驱动电源可由 PLC 的电源组件提供(如直流 24 V),也有的用独立的交流电源(如 220 V)供给。等效电路中的一个输入继电器实际上对应于 PLC 输入端的一个输入点及其输入电路。例如,一个 PLC 有 24 点输入,那么它相当于有 24 个微型输入继电器。它在 PLC 内部与输入端子相连,并作为 PLC 编程时的常开与常闭触点。

2)内部控制电路　这部分控制电路是由用户根据控制要求编制的程序组成,作用是按用户程序的控制要求对输入信息进行运算处理,判断哪些信号需要输出,并将得到的结果输出给负载。

3)输出部分　这部分的作用是驱动外部负载。输出端子是 PLC 向外部负载输出信号的端子。如果一个 PLC 的输出点为 16 点,那么它就有 16 个输出继电器(图 7.1.2 中 Q0.0)。

7.1.3　可编程控制器的工作方式

PLC 是采用"顺序扫描、不断循环"的方式进行工作的。即 PLC 运行时,CPU 根据用户按控制要求编制好并存于用户存储器中的程序,按指令步序号(或地址号)作周期性循环扫描。如果无跳转指令,则从第一条指令开始逐条顺序执行用户程序,直到程序结束,然后重新返回第一条指令,开始下一轮新的扫描。在每次扫描过程中,还要完成对输入信号的采样和对输出状态的刷新等工作。这样周而复始进行工作。

PLC 的扫描工作过程大致可分为输入采样、程序执行和输出刷新三个阶段,并进行周期性循环,如图 7.1.3 所示。

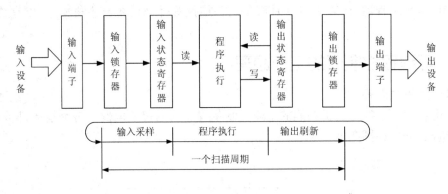

图 7.1.3　PLC 的扫描工作过程

1.输入采样阶段

在输入采样阶段,PLC 首先以扫描方式按顺序将所有暂存在输入锁存器中输入端子的通断状态或输入数据读入,并将其存入(写入)各对应的输入状态寄存器中,即刷新输入。随即关闭输入端口,进入程序执行阶段。在程序执行阶段,即使输入状态有变化,输入状态寄存器的内容也不会改变。变化了的输入信号状态只能在下一个扫描周期的输入采样阶段被读入。

2.程序执行阶段

在程序执行阶段,PLC 按用户程序指令存放的先后顺序扫描执行每条指令,所需的执行条件可从输入状态寄存器和当前输出状态寄存器中读入,经过相应的运算和处理后,将结果再写入输出状态寄存器中。所以,输出状态寄存器中所有的内容随着程序的执行而改变。

3.输出刷新阶段

当所有指令执行完毕时,输出状态寄存器的通断状态在输出刷新阶段送至输出锁存器中,并通过一定方式(继电器、晶体管或晶闸管)输出,驱动相应输出设备工作。这就是 PLC 的实际输出。

经过以上三个阶段完成一个扫描周期。实际上 PLC 在程序执行后还要进行各种错误检测(自诊断)并与外部设备进行通信,这一过程称为"监视服务"。由于扫描周期为完成一次扫描所需时间(输入采样、程序执行、监视服务、输出刷新)的长短主要取决于三个因素,即 CPU 执行指令的速度、每条指令占用的时间和执行指令的数量,即用户程序长短。这个时间一般不超过 100 ms。

7.1.4　可编程序控制器的特点

可编程序控制器有以下几个特点。

1)可靠性高,抗干扰能力强　可编程序控制器的输入、输出采用光电隔离、滤波等措施,有效地减少了供电电路以及电源之间的干扰。实验证明,一般 PLC 的平均无故障工作时间可达几万小时以上。

2)采用模块化结构,扩展能力强　PLC 采用模块化结构使系统更灵活,可根据现场需要进行不同功能的组合和扩展,便于维修和实现分散控制。

3)编程语言简单易学　PLC 采用面向控制过程的编程语言(梯形图)是一种图形编程语言,简单、直观,与工业现场使用的继电器控制原理图相似,适合现场人员学习。

4)适用于恶劣的工业环境　采用封装的方式可适合于各种振动、腐蚀、有毒气体的应用场合。

5)其他　PLC 的体积小、重量轻、功耗低。

7.2　可编程控制器的基本指令

7.2.1　梯形图的特点

梯形图和语句表是可编程控制器最基本的编程语言。梯形图直接来源于传统的继电器控制系统,其符号及规则体现了电器技术人员看图及思维习惯,简洁直观。但它们又有不同之处,并具有以下特点:

①梯形图按自上而下、从左到右的顺序排列,每个继电器线圈为一个逻辑行,每一逻辑行始于左母线,然后是各种接点,最后终于继电器线圈(有的还加上一条右母线),整个图形呈梯形。

②梯形图中除有跳转指令和步进指令等程序段外,某个编号的继电器线圈只能出现一次,而继电器接点则可无限次引用,既可是常开接点,又可是常闭接点。

③梯形图是 PLC 形象化的编程手段。梯形图两端的母线是没有任何电源可接的,梯形图中并没有真实的物理电流流动,而只有"概念"电流。"概念"电流只能从左向右流动,层次改变只能先上后下。

④输入继电器供 PLC 接受外部输入信号,而不能由内部其他继电器的接点驱动,因此,梯形图中只出现输入继电器的接点,而不出现输入继电器的线圈。输入继电器的接点表示相应的输入信号。

⑤输出继电器供 PLC 作输出控制用,它通过开关量输出模块对应的输出开关(晶体管、双向可控硅或继电器触点)去驱动外部负荷。因此,当梯形图中输出继电器线圈满足接通条件时,就表示在对应的输出点有输出信号。

⑥PLC 的内部继电器不能作输出控制用,其接点只能供 PLC 内部使用。

⑦当 PLC 处于运行状态时,它就开始按照梯形图符号排列的先后顺序(从上到下、从左到右)逐一处理。也就是说,PLC 对梯形图是按扫描方式顺序执行程序,因此,不存在几条并列支路同时动作的因素。设计梯形图时,这可减少许多有约束关系的联锁电路,从而使电路设计

大大简化。

语句表类似于计算机汇编语言,是由若干条语句组成的程序,是用指令助记符号编程的。但 PLC 的语句表却比汇编语句表通俗易懂,因此也是应用很多的一种编程语言。

7.2.2　基本指令

本章以 S7 - 200 系列 PLC 的指令为例,说明指令的含义、梯形图的编程方法及对应的语句表形式。

1. 逻辑取和线圈驱动指令 LD(Load)、LDN(Load Not)、=(Out)

LD(Load):常开触点逻辑运算开始

LDN(Load Not):常闭触点逻辑运算开始

=(Out):线圈驱动

图 7.2.1 所示梯形图及语句表表示上述指令的用法。

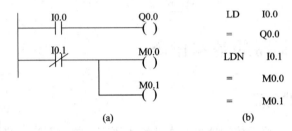

图 7.2.1　LD、LDN、=指令使用举例

(a)梯形图;(b)语句表

指令说明:

①LD、LDN 指令用于与输入公共线(输入母线)相连的触点,也可以与 OLD、ALD 指令配合使用"与"分支回路的开头。

②并联的"="指令可连续使用任意次。

③继电器的编号见表 7.2.1。

表 7.2.1　继电器编号

继电器类型	继电器数量	继电器编号
输入继电器(I)	24	I0.0 ~ I2.7
输出继电器(Q)	16	Q0.0 ~ Q1.7
内部辅助继电器(M)	256	M0.0 ~ M31.7

2. 触点串联指令 A(And)、AN(And Not)

A(And):常开触点串联连接。

AN(And NOt):常闭触点串联连接。

图 7.2.2 所示梯形图及语句表表示上述指令的用法。

指令说明:

①A、AN 是单个触点串联连接指令,可连续使用。

②要串联多个触点组合回路时需采用 ALD 指令。

3. 触点并联指令 O(Or) 、ON(Or Not)

O(Or) :常开触点并联连接。

ON(Or Not) :常闭触点并联连接。

图 7.2.3 所示梯形图及语句表表示上述指令的用法。

指令说明：

①O、ON 指令可作为一个接点的并联

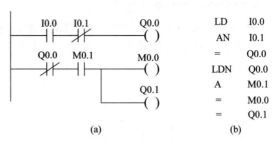

图 7.2.2　A、AN 指令使用举例

(a)梯形图；(b)语句表

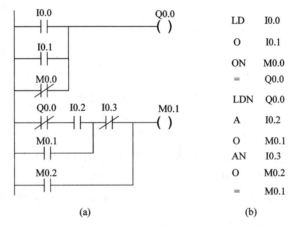

图 7.2.3　O、ON 指令使用举例

(a)梯形图；(b)语句表

连接指令，在 LD、LDN 指令之后用。

②若将两个以上触点的串联回路和其他回路并联时，需用 OLD 指令。

4. 串联电路块的并联指令 OLD

OLD(Or Load) :用于串联电路块的并联连接，如图 7.2.4 所示。

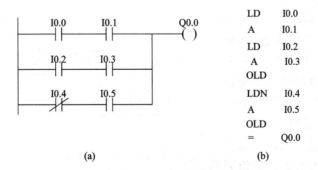

图 7.2.4　OLD 指令使用举例

(a)梯形图；(b)语句表

指令说明：

①几个串联支路并联连接时，支路的起点以 LD、LDN 开始，支路终点用 OLD 指令。

②如需将多个支路并联，从第二条支路开始，在每一条支路后面加 OLD 指令。

5. 并联电路块的串联指令 ALD

ALD(And Load):用于并联电路块的串联连接。

图 7.2.5 所示梯形图及语句表表示上述指令用法。

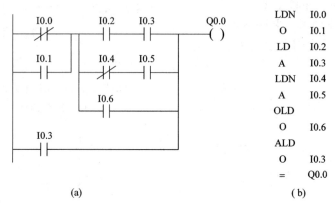

LDN	I0.0
O	I0.1
LD	I0.2
A	I0.3
LDN	I0.4
A	I0.5
OLD	
O	I0.6
ALD	
O	I0.3
=	Q0.0

(a)   (b)

图 7.2.5 OLD 指令使用举例

(a)梯形图;(b)语句表

指令说明:

①分支电路(并联电路块)与前面电路串联连接时,使用 ALD 指令。分支的起点用 LD、LDN 指令,并联电路块结束后,使用 ALD 指令与前面电路串联。

②如果有多个并联电路块串联,顺次以 ALD 指令与前面支路连接,支路数量没有限制。

6. 定时器

S7 – 200 系列 PLC 按工作方式分有三大类定时器:TON(On Delay Timer)延时通定时器、TONR(Retentive On Delay Timer)保持延时通定时器和 TOF(Off-Delay Timer)延时断定时器。

LD	I0.0
TON	T33,100
LD	T33
=	Q0.0

(a)   (b)

(c)

图 7.2.6 TON 指令使用举例

(a)梯形图;(b)语句表;(c)时序图

(1)TON(延时通定时器)

图 7.2.6 为延时通定时器指令示例。

在图 7.2.6 中,当 I0.0 接通时,驱动 T33 开始计时。计时到设定值 PT 时,T33 的状态变为 1(ON),其常触点接通驱动 Q0.0 输出。当计时值一直增加时,不影响定时器的状态值。但当 I0.0 断开时,T33 复位,当前状态值为 0。若 I0.0 接通时间未到设定值就断开,T33 状态值仍为 0,Q0.0 没有输出。

(2)TONR(保持延时通定时器)

图 7.2.7 为保持延时通定时器指令示例。

指令说明:

对于保持型延时通定时器 T3,当输入 I0.0 接通时,定时器开始计数;当 I0.0 断开时,定时

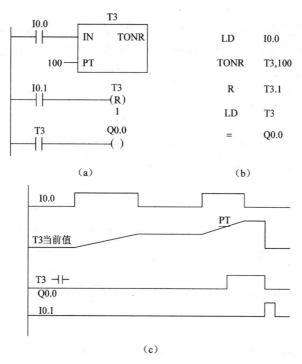

图 7.2.7　TORN 指令使用举例

(a)梯形图;(b)语句表;(c)时序图

器保持当前值;下次 I0.0 再接通时,T3 当前值开始往上加,将当前值与设定值 PT 做比较。当前值大于设定值时,T3 的状态值为 1(ON),驱动 Q0.0 有输出。此后即使输入 I0.0 再断开也不会使 T3 复位,要使其复位需使用复位指令。

(3)TOF(延时断定时器)

图 7.2.8 为延时断定时器指令示例。

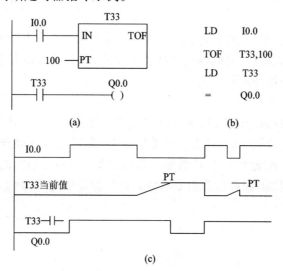

图 7.2.8　TOF 指令使用举例

(a)梯形图;(b)语句表;(c)时序图

指令说明：

对于延时断定时器 T33，当输入 I0.0 接通时，定时器不计时，T33 的状态值为 1(ON)，驱动 Q0.0 有输出；当 I0.0 断开时，定时器开始计时，当前值等于设定值时，T33 的状态值为 0 (OFF)，Q0.0 无输出。

定时器的分辨率和编号如表 7.2.2 所示。

表 7.2.2　定时器的分辨率和标号

定时器类型	分辨率/ms	最大当前值/s	定时器编号
TONR	1	32.767	T0，T64
	10	327.67	T1 ~ T4，T65 ~ T68
	100	3276.7	T5 ~ T31，T69 ~ T95
TON、TOF	1	32.767	T32，T96
	10	327.67	T33 ~ T36，T97 ~ T100
	100	3276.7	T37 ~ T63，T101 ~ T255

7. 计数器

计数器用来累计输入脉冲的次数，在实际应用中用来对产品进行计数或完成复杂的逻辑控制任务。

S7-200 系列 PLC 有三种计数器，即 CTU(Cont Up)加计数器、CTD(Cont Down)减计数器和 CTUD(Cont Up/Down)加/减计数器

(1) CTU

首次扫描时，计数器为 OFF，当前值为零。在计数脉冲输入端 CU 的每个上升沿，计数器计数一次，当前值增加 1 个单位。当前值达到设定值时，计数位为 ON。当前值最大值为 32 767 复位输入端有效时，计数器自动复位。图 7.2.9 为加计数器指令示例。

(2) CTD

首次扫描时，计数器为 OFF，当前值为 PV。在 CD 输入端的每个上升沿计数器计数一次，当前值减少 1 个单位。当前值减小到零时，计数位为 ON。复位输入端有效时，计数器自动复位。图 7.2.10 为减计数器指令示例。

(3) CTUD

CU(CD)为加(减)计数脉冲输入端，R 为复位端，PV 为设定值。当 R 端为 0 时，计数脉冲有效；当 CU(CD)端有上升沿输入时，计数器当前值加 1(减 1)。当计数器当前值大于或等于设定值时，常开触点闭合。R 端为 1 时，计数器当前值清零。计数器当前值的变化范围为 -32 768 ~ 32 767。图 7.2.11 为加/减计数器指令示例。计数器编号为 C0 到 C255，共计 256 个。

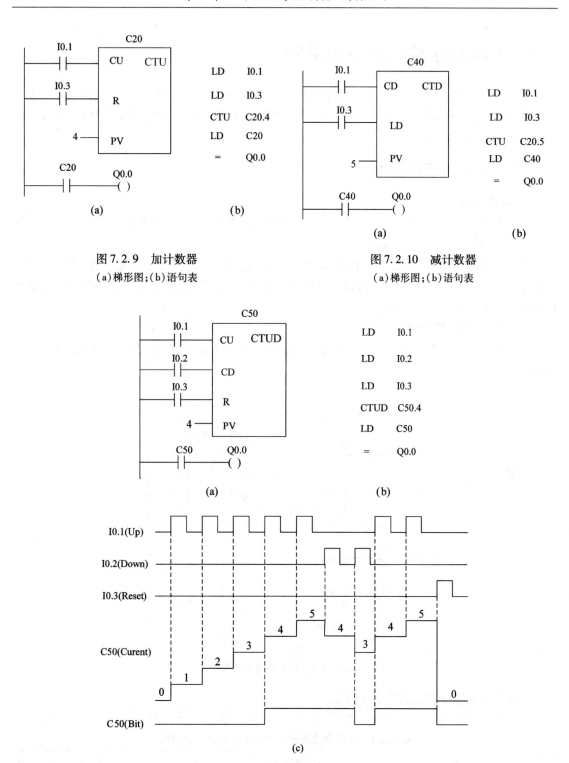

图 7.2.9　加计数器

(a)梯形图;(b)语句表

图 7.2.10　减计数器

(a)梯形图;(b)语句表

图 7.2.11　加/减计数器应用示例

(a)梯形图;(b)语句表;(c)时序图

7.3 可编程序控制器应用举例

随着电气控制技术的发展,自动控制线路从过去的硬件电路系统逐渐过渡到现在以 PLC 为核心的软件控制系统。本章以工作台的往复控制和带式运输机顺序控制为例说明 PLC 控制的设计过程。

7.3.1 工作台往复控制

1. 功能说明

控制系统的示意图如图 6.4.2(a) 所示。行程开关 SQ_a 和 SQ_b 分别装在工作台的原位和终点,由装在工作台上的挡块来撞动。

具体控制任务为:若先按下正转按钮 SB_F,电动机正转,并实现自动往复控制;若先按下反转按钮 SB_R,电动机反转,并实现自动往复控制。在正、反转途中,若按下停止按钮 SB_1 或电动机过载,则电动机立即停止运行。

2. 控制系统硬件设计

工作台由电动机 M 带动。电动机的主电路和图 6.4.2 是一样的。图 7.3.1 是 PLC 的外部接线图。

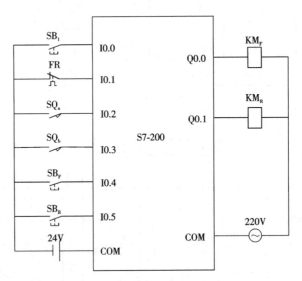

图 7.3.1 PLC 外部接线图

I/O 点及地址分配如表 7.3.1 所示。

表 7.3.1 工作台往复控制系统 I/O 点及地址分配

名称	地址编号	说明
输入信号		
SB_1	I0.0	停止按钮

续表

名称	地址编号	说明
FR	I0.1	过载保护
SQ_a	I0.2	右行程开关
SQ_b	I0.3	左行程开关
SB_F	I0.4	正转按钮
SB_R	I0.5	反转按钮
输出信号		
继电器线圈 KM_1	Q0.0	电动机正转
继电器线圈 KM_2	Q0.1	电动机反转

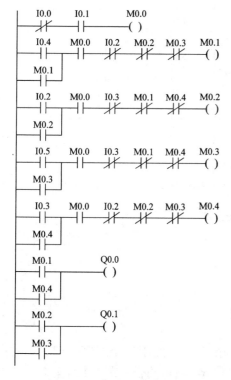

图 7.3.2　控制系统梯形图

3. 控制系统软件设计

控制系统的梯形图如图 7.3.2 所示。

7.3.2　带式运输机顺序控制

1. 功能说明

控制系统的示意图如图 6.6.3 所示。

具体控制任务为：发出启动指令后，3 号带式运输机立即启动，延时 5 s 后，2 号带式运输机自行启动，再经 5 s,1 号带式运输机启动。

在停车时发出停车指令,1 号带式运输机立即停车，经 5 s 后,2 号带式运输机自动停车;再经 5 s,3 号带式运输机停车。

无论哪台电动机过载，所有电动机必须按顺序停车，以免造成沙料堆积。

2. 控制系统硬件设计

电动机的主电路和图 6.6.4 中的是一样的。图 7.3.3 是 PLC 的外部接线图，对 PLC 的 I/O 进行分配。

I/O 点及地址分配如表 7.3.2 所示。

表 7.3.2　带式运输机顺序控制系统 I/O 点及地址分配

名称	地址编号	说明
输入信号		
SB_1	I0.0	停止按钮
SB_2	I0.1	启动按钮
FR_1	I0.2	过载保护
FR_2	I0.3	过载保护

续表

名称	地址编号	说明
FR₃	I0.4	过载保护
输出信号		
继电器线圈 KA	Q0.0	系统运行控制
继电器线圈 KM₁	Q0.1	电动机 1 运行
继电器线圈 KM₂	Q0.2	电动机 2 运行
继电器线圈 KM₃	Q0.3	电动机 3 运行

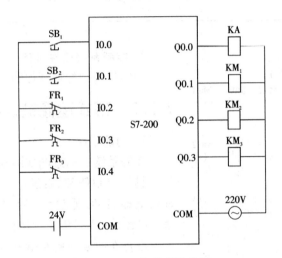

图 7.3.3　PLC 外部接线图

3. 控制系统软件设计

控制系统的梯形图如图 7.3.4 所示。

习　　题

7.1　试编制实现下述控制要求的梯形图。用一个开关 K 控制三个灯 Y1、Y2、Y3 的亮灭:K 闭合一次 Y1 点亮;闭合两次 Y2 点亮;闭合三次 Y3 点亮;再闭合一次三个灯全灭。

7.2　有两台三相笼型电动机 M_1 和 M_2。今要求 M_1 先启动,经过 5 s 后 M_2 启动;M_2 启动后 M_1 立即停车。试用 PLC 实现上述要求,画出梯形图,并写出指令语句表。

7.3　有三台笼型电动机 M_1、M_2 和 M_3,按一定顺序启动和运行。(1)M_1 启动 1 min 后 M_2 启动;(2)M_2 启动 2 min 后 M_3 启动;(3)M_3 启动 3 min 后 M_1 停车;(4)M_1 停车 30 s 后 M_2、M_3 立即停车;(5)备有启动按钮和总停车按钮。试编制用 PLC 实现上述控制要求的梯形图。

7.4　有 8 个彩灯排成一行,自左至右依次每秒有一个灯点亮(只有一个灯亮),循环三次后,全部灯同时点亮,3 s 后全部熄灭。如此不断重复进行,试用 PLC 实现上述控制要求。

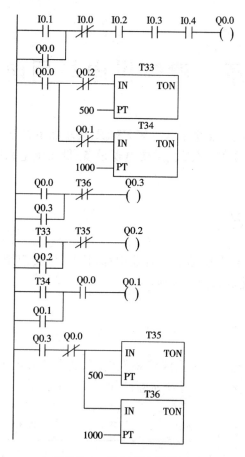

图 7.3.4 控制系统梯形图

第8章　建筑供电与用电安全

本章主要介绍建筑供电与安全用电的基本知识,要求熟悉发电、输电、变电、配电和用电的基本概念。重点介绍变电所的主结线、主要电器设备、低压配电系统的接地及建筑防雷等内容。

8.1　电力系统概述

电力是现代工业的主要动力,在各行各业中都得到了广泛应用。从事建筑工程的技术人员应该了解电能的产生、输送和分配过程。

8.1.1　基本概念

1. 电力系统

电力系统是通过各级电压的电力线路将发电厂、变电所和电力用户连接起来的发电、输电、变电、配电和用电的整体。电力系统示意图如图8.1.1所示。

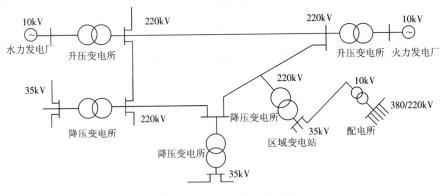

图8.1.1　电力系统示意图

2. 电网(电力网)

电网是指电力系统中各级电压的电力线路和与其相连的变电所,主要作用是变换电压、传送电能,负责将发电厂生产的电能经过输电线路送到用户。

3. 电力用户(用电设备)

电力用户是消耗电能的场所,将电能通过用电设备转换为满足用户需求的其他形式的能量。例如,电动机将电能转换为机械能,电热设备将电能转换为热能,照明设备将电能转换为光能等。

电力用户根据供电电压分为高压用户(1kV 及以上)和低压用户(380/220V)。

8.1.2　电力系统的组成

电力系统是由发电、输电和配电系统组成。

1. 发电

电能多是由发电厂提供的。发电厂是将自然界蕴藏的多种一次能源转换为电能(二次能源)的工厂。根据利用的一次能源不同,发电厂可分为火力发电厂、水力发电厂、原子能发电厂、风力发电厂、地热发电厂、太阳能发电厂等。目前我国接入电力系统的发电厂主要是火力发电厂和水力发电厂,近几年也在发展核能发电、风能发电和太阳能发电。

水力发电厂是利用水流的能量、火力发电厂是利用煤炭或油燃烧的热能量、核能发电厂是利用核裂变产生的能量进行发电。发电机组发出的电压一般为 6kV、10kV 或 13.8kV。大型发电厂一般都建于能源的蕴藏地,距离用电户几十至几百千米,甚至几千千米以上。

2. 输电

输电是将发电厂发出的电能经高压线输送到各个地方或直接输送到大型用户。其输送的电功率为

$$P = \sqrt{3}\,UI\cos\varphi \tag{8.1.1}$$

由式(8.1.1)可知,当输送的电功率 P 和功率因数 $\cos\varphi$ 一定时,电网电压 U 越高,输送的电流 I 越小。这不仅使输电线路的能量损耗下降,而且可以减少输电线的截面积,降低造价。这就是将发电机组发出的 10 kV 电压经升压变压器变为 35～500 kV 高压的原因。所以,输电网是由 35 kV 及以上的输电线路和与其相连接的变电所组成,是电力系统的主要网络。但是,电压越高,线路的绝缘要求越高,变压器和开关设备的价格越高,选择电压等级要权衡经济效益。各级电压与输电线路的输送容量和距离间的关系见表8.1.1。

表 8.1.1　各级电压与输电线路的输送容量和距离间的关系

额定输电电压/kV	输电容量/MW	输电距离/km
0.38	小于 0.25	0.5 以下
10	0.25～25	0.5～25
35	2.0～15	20～50
60	3.5～30	30～100
110	10～50	50～150
220	100～500	100～300
330	200～800	200～600
500	1000～1500	150～850
750	2000～2500	500 以上

输电是联系发电厂与用户的中间环节,可通过高压输电线远距离地将电能输送到各个地方。在进入市区或大型用电户之前,再利用降压变压器将 35～500kV 高压变为 3kV、6kV、10kV 高压。

3. 配电

配电是由 10kV 及以下的配电线路和配电(降压)变压器所组成。它的作用是将 3～10kV

高压降为380/220V低压,再通过低压输电线分配到各个用户(工厂及民用建筑)。

8.1.3　三相交流电网和电力设备的额定电压

1.电网(线路)的额定电压

电网的额定电压等级是国家根据国民经济发展的需要和电力工业的水平,经全面的技术经济分析后确定的。它是确定各类电力设备额定电压的基本依据。

电力网的电压在1kV及以上的称为高压,有1 kV、3 kV、6 kV、10 kV、35 kV、110 kV、220 kV、330 kV、500 kV、750 kV等。1kV以下的电压称为低压,有220 V、380 V和安全电压6 V、12 V、24 V、36 V、42 V等

2.用电设备的额定电压

由于线路运行时(有电流通过时)要产生电压降,所以线路上各点电压都略有不同。但是,成批生产的用电设备的额定电压不可能按使用处线路的实际电压制造,而只能按线路首端与末端的平均电压(即电网的额定电压 U_N)制造。因此用电设备的额定电压规定与同级电网的额定电压相同。

3.发电机的额定电压

电力线路允许的电压偏差一般为 ±5%,即整个线路允许有10%的电压损耗,因此为了维持线路的平均电压在额定值,线路首端(电源端)的电压可较线路额定电压高5%,而线路末端可较线路额定电压低5%,如图8.1.2所示。所以发电机额定电压规定高于同级电网额定电压5%。

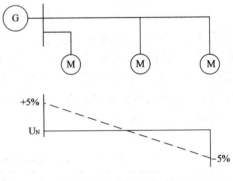

图8.1.2　用电设备和发电机的额定电压说明

4.电力变压器的额定电压

(1)一次绕组的额定电压

这分两种情况:

①当变压器直接与发电机相连时,如图8.1.3中的变压器 T_1,其一次绕组额定电压应与发电机额定电压相同,即高于同级电网额定电压5%;

②当变压器不与发电机相连而是连接在线路上时,如图8.1.3中的变压器 T_2,则可看做是线路的用电设备,因此其一次绕组额定电压应与电网额定电压相同。

(2)二次绕组的额定电压

这亦分两种情况:

①变压器二次侧供电线路较长(如为较大的高压电网)时,如图8.1.3中的变压器 T_1,其二次绕组额定电压应比相连电网额定电压高10%,其中有5%是用于补偿变压器满负荷运行时绕组内约5%的电压降,因为变压器二次绕组的额定电压是指变压器一次绕组加上额定电压时二次绕组开路的电压。此外,变压器满负荷时输出的二次电压还要高于所连电网额定电压5%,以补偿线路上的电压降。

②变压器二次侧供电线路不长(如为低压电网,或直接供电给高低压用电设备)时,如图8.1.3中的变压器 T_2,其二次绕组额定电压只需高于所连电网额定电压5%,仅考虑补偿变压器满负荷运行时绕组内部5%的电压降。

图 8.1.3　电力变压器的额定电压说明

8.1.4　供电质量要求

供电质量包括电能质量和供电可靠性两方面。电能质量是指电压、频率和波形的质量。电能质量的主要指标有频率偏差、电压偏差、电压波动和闪变、谐波(电压波形畸变)及三相电压不平衡度等。一般交流电力设备的额定频率为 50 Hz,通称为"工频"。工频偏差一般不得超过 ±0.5 Hz,如果电力系统容量达 3 000 MW 或以上时,频率偏差不得超过 ±0.2 Hz。供电可靠性可用供电企业对用户全年实际供电小时数与全年总小时数(8760 h)的百分比来衡量,也可用全年的停电次数及停电持续时间来衡量。供电设备计划检修时,对 35 kV 及以上电压供电的用户的停电次数,每年不应超过 1 次;对 10 kV 供电的用户,每年不应超过 3 次。

8.1.5　电力负荷的分级

按使用性质和重要程度将电力负荷分为三级,并以此采取相应的供电措施满足负荷对供电可靠性的要求。

1. 一级电力负荷

当供电中断时,将造成人身伤亡、重大的政治影响、重大的经济损失或将造成公共场所秩序严重混乱的用电负荷,称为一级电力负荷。

国家级的大会堂、国际候机厅、医院手术室和分娩室等建筑的照明,一类高层建筑的火灾应急照明、疏散指示标志灯及消防电梯、喷淋泵、消火栓等消防用电,国家气象台、银行等专业用的计算机用电负荷,大型钢铁厂、矿山等重要企业的用电负荷等,均属一级电力负荷。

一级负荷应有两个独立电源供电,以确保供电的可靠性和连续性。两个电源可一用一备,亦可同时工作,各供一部分电力负荷。若其中任一个电源发生故障或停电检修时,都不至影响另一个电源继续供电。对于一级电力负荷中特别重要的负荷,如医院手术室和分娩室、计算机用电、消防用电等负荷,还必须增设应急备用电源,如快速自启动的柴油发电机组、不间断电源(UPS)等。严禁将其他负荷接入应急供电系统。

2. 二级电力负荷

当供电中断时,将造成较大的政治影响、较大的经济损失或将造成公共场所秩序混乱的用电负荷称为二级电力负荷。

省市级体育馆、展览馆的照明,二类高层建筑的火灾应急照明、疏散指示标志灯及消防电梯、喷淋泵、消火栓等消防用电,大型机械厂的用电负荷等,均属二级电力负荷。

二级电力负荷宜采用两个电源供电,供电变压器亦宜选两台(两台变压器不一定在同一变电所内)。若地区供电条件困难或负荷较小时,可由一条 6 kV 及以上的专用架空线路供电。若采用电缆供电,应同时敷设一条备用电缆,并经常处于运行状态,也可以采用柴油发电机组或不间断电源作为备用电源。

3. 三级电力负荷

供电中断仅对工作和生活产生一些影响,不属于一级或二级电力负荷称的为三级电力负荷。

三级电力负荷对供电无要求,只需一路电源供电即可,如旅馆、住宅、小型工厂的照明等。

8.2　低压配电系统

8.2.1　变电所常用电气设备

变电所担负着从电网受电,再经过变压,然后分配电能的任务。变电所是供电系统的枢纽,占有特殊重要的地位。变电所的类型很多,工业与民用建筑的变电所大都采用 10 kV 进线,将 10 kV 高压降为 400/230 V 的低压。

变配电所中,承担传输和分配电能到各用电场所的配电线路称为一次电路(主接线)。一次电路中所有电气设备称为一次设备。用来测量、控制、信号显示和保护一次电路及其中设备运行的电路,称为二次电路(二次回路)。二次电路中的所有电气设备称为“二次设备”。一次电路除变压器外主要有以下电气设备。

1. 高压电气设备

常用的高压一次设备有高压断路器、高压隔离开关、高压负荷开关、高压熔断器和高压开关柜等。

(1)高压断路器

高压断路器俗称高压开关,它具有相当完善的灭弧结构和足够的断流能力。它的作用是接通和切断高压负荷电流,并在严重过载和短路时自动跳闸,切断过载电流和短路电流。

常用的断路器有真空断路器(ZN)(图 8.2.1)、少油断路器(SN)(图 8.2.2)、SF₆断路器等。

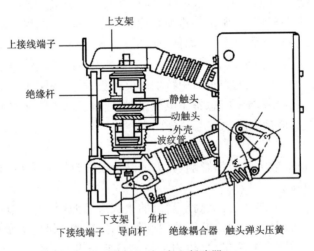

图 8.2.1　真空断路器

(2)高压隔离开关

高压隔离开关没有专门的灭弧装置,所以不允许带负荷断开和接通。其主要作用是隔断高压电源,并造成明显的断点,以保证其他电气设备安全进行检修。隔离开关一般与断路器配合使用。操作原则是:断开电路时,先断断路器,后拉隔离开关;接通电路时,先合隔离开关,后

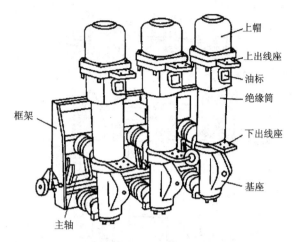

图 8.2.2　少油断路器

合断路器。图 8.2.3 是 GN8 – 10/600 型高压隔离开关。按安装位置高压隔离开关分为户内式和户外式两大类。

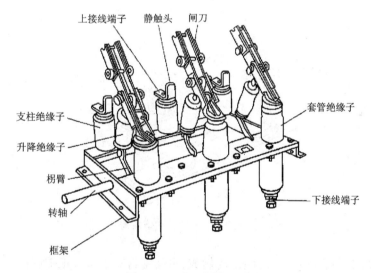

图 8.2.3　高压隔离开关

（3）高压负荷开关

高压负荷开关（图 8.2.4）具有专门的灭弧装置，用于在高压装置中通断负荷电流。同时，因为它只能通断一定的负荷电流，断流能力不大，不能用来开断短路电流，所以必须和高压熔断器串联使用。高压负荷开关分户内式和户外式两大类。

（4）高压熔断器

在 6 ~ 10 kV 系统中，户内广泛采用 RN1、RN2 型高压管式熔断器，如图 8.2.5 所示；户外通常采用 RW4 – 10（G）型高压跌开式熔断器，如图 8.2.6 所示。

在高压管式熔断器的密封磁管内有并行的几根低熔点的工作熔体，熔体四周充满了石英砂。当短路电流或过载电流通过熔体时，熔体熔断，指示熔体熔断的指示器弹出。

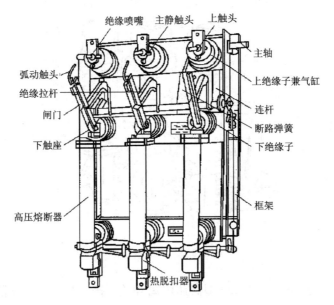

图 8.2.4 高压负荷开关

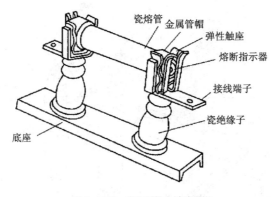

图 8.2.5 高压管式熔断器

高压跌开式熔断器的熔管由酚醛纸管做成,里面密封着熔丝。正常运行时,该熔断器串联在线路上。当线路发生故障时,故障电流使熔丝迅速熔断。熔丝熔断后,熔管上部触头因失去张力而下翻,在熔管自重作用下跌落,形成明显的断开点。

(5)高压开关柜

高压开关柜是一种柜式的成套配电设备。它按一定的接线方案将所需的一、二次设备(如开关设备、监测仪表、保护电器及一些操作辅助设备)组装成一个总体,在变配电所中用于控制电力变压器和电力线路。

2. 低压电气设备

常用的低压一次电气设备包括低压刀开关、低压负荷开关、低压断路器和低压熔断器等,通常组成低压配电盘,用于变压器低压侧的一级配电系统,作为动力、照明配电之用。

主要一次电气设备图形符号见表 8.2.1。

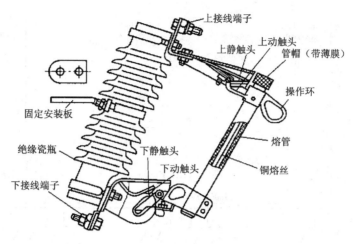

图 8.2.6　跌开式熔断器

表 8.2.1　主要一次电气设备图形符号

名称	图形符号	名称	图形符号
断路器		熔断器	
负荷开关		跌落式熔断器	
隔离开关		避雷器	

8.2.2　变配电所的主电路(主接线)

变配电所的一次电路(主接线)是指由各种开关电器、电力变压器、母线、电力电缆、移相电容器等电气设备,依一定次序相连接的接受电能和分配电能的电路。在供电系统中,通常采用单线表示三相系统的一次电路图。

图 8.2.7 是一台变压器带低压母线的变电所一次电路的三种形式:

对于变压器容量在 630 kV·A 及以下的露天变电所,电源进线一般经过跌开式熔断器接入变压器(图 8.2.7(a));

对于室内变电所变压器容量在 320 kV·A 及以下的变电所,且变压器不经常进行投切操作时,高压侧采用隔离开关和户内式的高压熔断器(图 8.2.7(b));

如变压器需经常进行投切操作或变压器容量在 320 kV·A 以上时,高压侧采用负荷开关

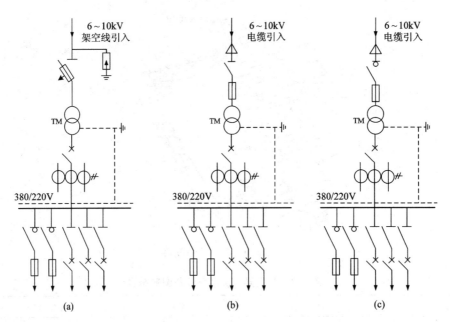

图 8.2.7   一台变压器带低压母线的变电所一次电路

(a)S_b≤630kVA 露天变电所;(b)S_b≤320kVA 室内变电所;(c)S_b>320kVA 室内变电所

和高压熔断器(图 8.2.7(c))。

8.2.3   低压配电方式

低压配电方式有放射式、树干式和混合式等,如图 8.2.8 所示。

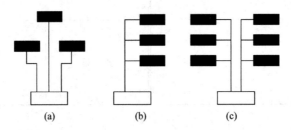

图 8.2.8   低压配电方式

(a)放射式供电;(b)树干式供电;(c)混合式供电

1. 放射式

放射式是由配电装置直接供给分配电盘或负载,如图 8.2.8(a)所示。

这种方式的优点是各个负荷独立受电,配电线路相互独立,因而具有较高的可靠性,故障范围一般仅限于本线路,线路发生故障需要检修时也只切断本线路而不影响其他线路;同时线路中电动机的启动引起的电压波动对其他回路的影响也较小。缺点是所需开关和线路较多,因而建设费用较高。

放射式配电多用于比较重要的负荷,如空调机组、消防水泵等。

2. 树干式

树干式配电是由配电装置引出一条线路同时向若干用电设备配电,如图 8.2.8(b)所示。

这种方式的优点是有色金属耗量少、造价低,缺点是干线故障时影响范围大,可靠性较低。一般用于用电设备的布置比较均匀、容量不大、无特殊要求的场合,如用于一般照明的楼层分配电箱等。

3. 混合式

混合式配电方式兼顾了放射式和树干式两种配电方式的特点,是将两者进行组合的配电方式,如图 8.2.8(c)所示。如高层建筑中,可以从低压配电盘放射式引出多条干线,将楼层照明配电箱分组接入干线,局部为树干式。

环形接线也是一种低压配电方式,供电可靠性较高,但这种方式保护装置配合相当复杂,这里不再详述。

8.2.4　低压配电系统的配电线路

1. 室外配电线路

（1）架空线路

架空线路是将带绝缘护套的导线架设在电杆的绝缘子上的线路,具有投资少、安装容易、维护检修方便等优点,因而得到广泛使用。但与电缆线相比,其缺点是受外界自然因素(风、雷、雨、雪)影响较大,故安全性、可靠性较差,并且不美观,有碍市容,所以使用范围受到一定限制。

架空线由导线、电杆、横担、绝缘子、拉线及线路金具等组成。

（2）电缆

与架空线相比,电缆线虽然有成本高、投资大、维修不便等缺点,但它具有运行可靠、不受外界影响、不占地、不影响美观等优点,特别是在有腐蚀气体和易燃、易爆场所不宜架设架空线时,只有敷设电缆线路。

电缆的结构包括导电芯、绝缘层和保护层等几个部分。电缆的种类有很多,从导电芯来分,有铜芯电缆和铝芯电缆;按芯数分,有单芯、双芯、3 芯、4 芯等;按电压等级分,有 0.5 kV、1 kV、6 kV、10 kV、35 kV 等;由电缆的绝缘层和保护层的不同,又可分为油浸纸绝缘铅包(铝包)、聚氯乙烯阻燃绝缘聚氯乙烯护套(全塑电缆)、橡皮绝缘聚氯乙烯护套、通用橡套软电缆等。

部分常用电缆、导线的名称、型号、规格及用途见附录 C。

2. 室内线路

室内配电支线主要采用绝缘导线明敷设和暗敷设两种方式。

明敷时,导线直接或者在管子、线槽等保护体内,敷设于墙壁、顶棚的表面及桥架等处;暗敷时,导线在管子、线槽等保护体内,敷设于墙壁、顶棚、地坪及楼板等内部。

8.3　安全用电

电能对社会生产和物质文化生活起着非常重要的作用,但若使用不当,就会造成用电设备的损坏,甚至会发生触电,造成人身伤亡事故。因此,在建筑设计和施工中,必须通过各种防护措施保证供电安全。

8.3.1 电流对人体的伤害

当人体接触到输电线或电气设备的带电部分时,电流就会流过人体,造成触电。触电对人的伤害分为电击和电伤。电击为内伤,电流通过人体主要是损伤心脏、呼吸器官和神经系统,严重时将使心脏停止跳动,导致死亡。电伤为外伤,电流在人体外部引起的烧伤,危及生命的可能性较小。高压事故中两种伤害都有,低压事故中以电击所占比例最多。

实验表明,触电的危害性与通过人体的电流大小、频率和电击的时间有关。工频 50 Hz 的电流对人体伤害最大。50 mA 的工频电流流过人体就会有生命危险,100 mA 的工频电流流过人体就可致人死亡。我国规定安全电流为 30 mA(50 Hz),时间不超过 1 s,即 30 mA·s。

流过人体的电流大小与触电电压及人体的自身电阻有关。大量的测试数据说明,人体的平均电阻在 1000 Ω 以上,潮湿环境中人体的电阻更低。根据这个平均数据,国际电工委员会规定了长期保持接触的电压最大值。在正常环境下,该电压为 50 V。根据工作场所和环境的不同,我国规定安全电压的标准有 42 V、36 V、24 V、12 V 和 6 V 等规格。一般用 36 V,在潮湿的环境下,选用 24 V。在特别危险的环境下,如人浸在水中工作等情况下,应选用更安全的电压,一般为 12 V。

8.3.2 触电的形式

1.单相触电

单相触电是指人体接触一根相线,电流经人体与地面或接地体形成闭合回路造成的触电事故。单相触电在触电事故中的比例最大。如果人穿着绝缘性能良好的鞋子或站在绝缘良好的地板上,则回路电阻增大,电流减小,危险性也就相应减小。触电情况如图 8.3.1 所示。

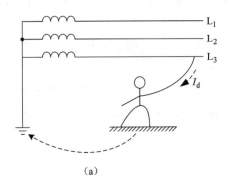
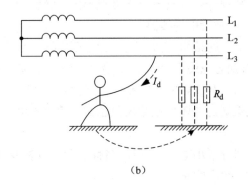

（a）　　　　　　　　　　　　　　　　（b）

图 8.3.1　单相触电

（a）中性点接地系统；（b）中性点不接地系统

在正常情况下,电机等电气设备的外壳或电子设备的外壳是不带电的。但如果电机绕组的绝缘损坏,外壳也会带电。因此当人体触及带电的金属外壳时,相当于单相触电,这是常见的触电事故,所以电气设备的外壳应采用保护接地等措施。

2.两相触电

虽然人体与地有良好的绝缘,但由于人同时和

图 8.3.2　两相触电

两根相线接触,人体处于线电压下,并且电流大部分通过心脏,故后果十分严重。这类事故多发生在电气安装及电气维修人员违章操作过程中,如图 8.3.2 所示。

3. 跨步电压触电

当带电体与地面或接地体连接时,接地点周围就会产生分布电压。人在接地点周围行走时,由于两腿所在地面的电位不同,则人体两腿之间便承受了电压,该电压称为跨步电压。跨步电压与跨步的大小成正比,跨步越大越危险,同时,越靠近带电体越危险。20 m 以外的地方,跨步电压已接近零,如图 8.3.3 所示。

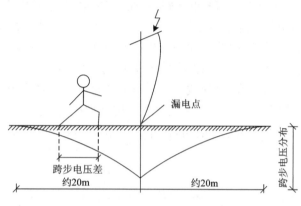

图 8.3.3　跨步电压触电

8.3.3　漏电保护器

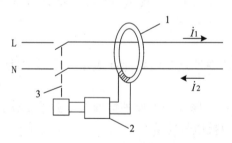

图 8.3.4　漏电保护器的工作原理
1—检测元件(零序电流互感器);2—放大环节;
3—执行机构

漏电保护器主要是用于保护人身安全或防止用电设备漏电的一种安全保护电器。在漏电保护器的结构中有一个重要的检测器件——零序电流互感器。被检测的线路及设备的电源穿入零序电流互感器。若被检测的线路流经互感器的电流相量和为零,即 $\dot{I}_1 + \dot{I}_2 = 0$,说明没有漏电。一旦被检测的线路或设备有电流泄露,流经互感器的电流相量和就不为零,这时互感器的次级线圈就有感生电动势出现。当漏电电流达到漏电动作电流时,次级的感生电动势将推动放大环节工作,放大后的信号带动执行机构切断电源,达到保护目的。漏电保护器的工作原理如图 8.3.4 所示。

漏电保护器一般采用低压干线的总保护和支线末端保护。漏电保护器可与空气断路器组装在一起,使漏电保护器具有漏电、短路、过载和欠压等保护功能。三相四线制电源选用 4 极漏电保护断路器,三相三线制电源选用 3 极漏电保护断路器,单相电源选用 2 极漏电保护断路器。

8.3.4　低压配电系统的接地

1. 接地的概念

(1)工作接地

为了保证配电系统正常运行或为了实现电气装置的固有功能并提高系统工作可靠性而进行的接地,称为工作接地,如三相电力变压器的低压侧中性点的接地即属于工作接地。我国规定,低压配电系统的工作接地极接地电阻不大于 4Ω。

(2) 保护接地

为了防止在配电系统或用电设备出现故障时发生人身安全事故而进行的接地称为保护接地。例如,在正常情况下用电设备金属外壳不带电,但由于内部绝缘损坏则可能带电,从而对人身安全构成威胁。因此,需将用电设备的金属外壳接地;为防止出现过电压而对用电设备和人身安全带来危险,需对用电设备和配电线路进行防雷接地;为消除生产过程中产生的静电对安全生产带来的危险需进行防静电接地等。我国规定,低压用电设备的接地电阻不大于 4Ω。

保护接地的形式有两种:一种是将设备的外露可导电部分经各自的接地线(PE 线)直接接地,在 TT 和 IT 系统中采用;另一种是将设备的外露可导电部分经公共的接地线(在 TN-S 系统中的 PE 线或在 TN-C 系统中的 PEN 线)接地,这种接地形式在我国习惯上称保护接零。需要注意的是,在同一个低压系统中,不能有的设备采用保护接地,有的设备采用保护接零,否则就会在采用保护接地的设备发生单相短路时,那些采用保护接零措施的设备外壳部分带上危险的电压。

(3) 重复接地

在三相电力变压器中性点直接接地的低压系统中,除在电源中性点进行工作接地外,还必须在 PE 线或 PEN 线的其他地方再进行接地,称为重复接地。

此外,还有防静电接地、防雷接地、弱电系统接地等。

2. 低压配电系统的接地类型

根据国际电工委员会(IEC)规定,低压配电系统的接地有 TN 系统、TT 系统和 IT 系统等类型。其中 TN 系统又分为 TN-C 系统、TN-S 系统和 TN-C-S 系统。

表示系统类型符号的含义为如下。

第一个字母表示电源端的接地状态,T 表示变压器中性点直接接地;I 表示变压器中性点不接地或通过高阻抗接地。

第二个字母表示负载端接地状态,T 表示电气设备金属外壳的保护接地与电源端工作接地相互独立;N 表示负载端接地与电源端工作接地作直接电气连接。

第三、四个字母表示中性线与保护接地线是否合用,C 表示中性线(N)与保护接地线(PE)合用为一根导线(PEN);S 表示中性线(N)与保护接地线(PE)分开设置,为不同的导线。

(1) IT 系统

IT 系统中,电源端不接地或通过消弧线圈接地,电气设备的金属外壳直接接地,如图 8.3.5 所示。

IT 系统适用于用电环境较差的场所(如井下、化工厂、纺织厂等)和对不间断供

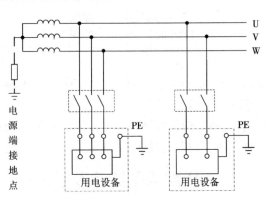

图 8.3.5 IT 系统

电要求较高的电气设备的供电。在该供电系统中,一切电气设备正常不带电的金属外壳均采

用保护接地。

（2）TT 系统

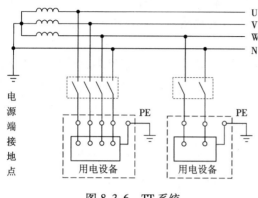

图 8.3.6　TT 系统

TT 系统的电源端中性点直接接地,用电设备金属外壳的接地与电源端的接地相互独立,如图 8.3.6 所示。

（3）TN 系统

TN 系统中变压器中性点直接接地,一切电气设备正常不带电的金属外壳均采用保护接零。

① TN-C 系统

此系统中中性线(N)与保护接地线(PE)共用一根导线,合并成 PEN 线,用电设备的外露可导电部分接到 PEN 线上,如图 8.3.7 所示。

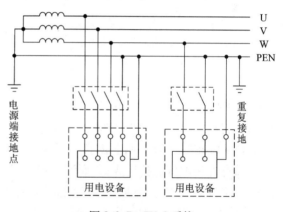

图 8.3.7　TN-C 系统

示。

TN-C 系统中,由于中性线与保护接地线合为 PEN 线,因而具有简单、经济的优点。但 PEN 线上除了有正常的负荷电流通过外,有时还有谐波电流通过,正常运行情况下,PEN 线上也将呈现出一定的电压,其大小取决于 PEN 线上不平衡电流和线路阻抗。因此,TN-C 系统主要适用于三相负荷基本平衡的工业企业建筑,在一般住宅和其他民用建筑内不应采用 TN-C 系统。

另外,当零线发生断线时,所有采用保护接零设备的金属外壳均带有 220 V 的电压。为了解决 TN-C 系统的这一缺陷,在系统中采取多处重复接地的措施。

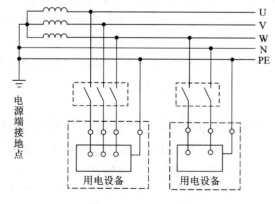

图 8.3.8　TN-S 系统

② TN-S 系统

TN-S 系统是目前最提倡使用的三相五线制的供电系统。此系统中变压器中性点直接接地,将中性线(N)与保护接地线(PE)分别敷设,克服了 TN-C 系统中金属外壳带电的缺陷,有效地保障了电力系统及人身的安全,如图 8.3.8 所示。

TN-S 系统中,将中性线和保护接地线严格分开设置。系统正常工作时,中性线 N 上有不平衡电流通过,而保护接地线 PE 上没有电流通过,因而,保护接地线和用电设备金属外壳对地没有电压,可较安全地用于一般民用建筑及施工现场的供电。

在 TN-S 系统中,应注意:

a. 保护接地线应连接可靠,不能断开,否则用电设备将失去保护;

b. 保护接地线不得进入漏电保护装置,否则漏电保护装置将不起作用。

③ TN-C-S 系统

TN-C-S 系统即四线半系统,电源中性点直接接地,中性线与保护接地线部分合用,部分分开,系统中的一部分为 TN-C 系统,另一部分为 TN-C-S 系统,分开后不允许再合并。TN-C-S 系统如图 8.3.9 所示。

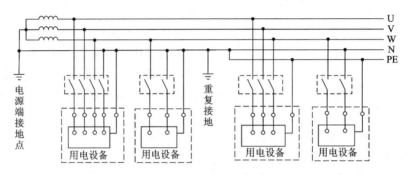

图 8.3.9　TN-C-S 系统

电源在建筑物的进户点处做重复接地,并分出中性线 N 和保护接地线 PE,或在室内总低压配电箱内分出中性线 N 和保护接地线 PE。

TN-C-S 系统中的 PEN 线上仍有一些不平衡电流引起的压降。但在建筑物内部,经重复接地后,设有专用的保护接地线,因而该系统比 TN-C 系统安全。

在 TN-C-S 系统中,中性线 N 与专用保护接地线 PE 在系统中的作用是非常明确的,决不允许互换使用。施工中,为防止两者混淆接错,IEC 标准中规定,PE 线和 PEN 线应有黄、绿相间的色标;同时,保护接地线和中性线上严禁接入开关或熔断器,保护接地线不得进入漏电保护装置。图 8.3.10 是总配电箱内分出的 PE 线。

3. 等电位连接

为了提高接地故障保护的效果和供配电系统的安全性,将建筑物内可导电部分相互连接,称为等电位连接。等电位连接包括总等电位连接和辅助等电位联接。等电位连接示意图如图 8.3.11 所示。

总等电位连接的做法如下:总等电位连接干线的截面积应不小于电气装置最大保护接地线截面积的一半,且不小于 6 mm^2。采用铜导线时,截面积可不超过 25 mm^2;若采用非铜质金属导体,截面积应能承受相应的载流量。

当电气设备或设备的某一部分接地故障保护的条件不能满足要求时,应在局部范围内做辅助等电位连接。辅助等电位连接中应包括局部范围内所有人体能同时触及的用电设备的外露可导电部分。条件许可时,还应包括钢筋混凝土结构柱、梁或板内的主钢筋。

等电位连接是接地故障保护的一项重要安全措施,实施等电位连接可以大大降低接地故障情况下电气设备金属外壳上的接触电压,在保证人身安全和防止电气火灾方面的重要意义已经逐步为广大工程技术人员所认识和接受,并在工程实践中得到了推广应用。

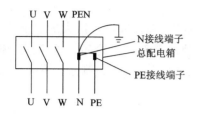

图 8.3.10　总配电箱内分出的 PE 线

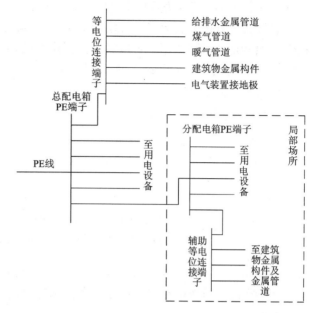

图 8.3.11　等电位连接示意图

4.接地装置

接地装置由配电系统中的接地端子、接地线和埋入地下的接地极所组成。

1)接地端子　接地端子一般设置在电源进线处或总配电箱内,用于连接接地线、保护接地线、等电位连接干线等。

2)接地线　接地线将接地端子与室外的接地极相连。接地线通常采用扁钢或圆钢,接点应采用焊接。

3)接地极　接地极是埋入地下与大地紧紧接触的一个或一组导电体。接地极可分为自然接地极和人工接地极。自然接地极是利用建筑物钢筋混凝土基础内的主筋、各种金属管道、电缆的金属外皮等作为接地极。一般情况下,自然接地极能满足接地电阻的要求。当自然接地极不能满足接地电阻要求时,应在室外另设人工接地极。人工接地极通常采用镀锌钢管、镀锌角钢或圆钢制成,接地极根数不少于两根,采用水平接地体进行连接。接地极的形式很多,一般应根据接地电阻的要求及室外地形确定。

8.4　建筑防雷

8.4.1　雷电及其危害

在形成雷雨过程中,一部分云层会积聚正电荷,另一部分则积聚负电荷。随着电荷的不断增加,不同极性云块之间的电场强度不断加大,当某处的电场强度超过空气可能承受的击穿强度时,就产生放电现象。这种放电现象有些是在云层之间进行的,有些是在云层与大地之间进行的。后一种放电现象即通常所说的雷击,放电形成的电流称为雷电流。雷电流持续时间一般只有几十微秒,但电流强度可达几万安培,甚至十几万安培。

雷电的危害主要表现为直接雷、间接雷和高电位侵入。

1）直接雷　直接雷是指雷电对建（构）筑物或地面直接放电,在瞬间产生巨大的热量,可对建（构）筑物形成破坏作用。直接雷大多作用在建（构）筑物的顶部突出的部分,如屋角、屋脊、女儿墙和屋檐等处。对于高层建筑,雷电还有可能通过其侧面放电,称为侧击。不同屋顶坡度建筑物的雷击部位如图8.4.1所示。

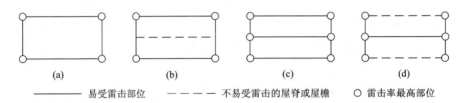

———— 易受雷击部位　 − − − − − 不易受雷击的屋脊或屋檐　 ○ 雷击率最高部位

图8.4.1　不同屋顶坡度建筑物的雷击部位

（a）坡度为0;（b）坡度≤1/10;（c）1/10≤坡度≤1/2;（d）坡度≥1/2

2）间接雷　间接雷也称为感应雷,是指带电云层或雷电流对其附近的建筑物产生的电磁感应作用导致的高压放电过程。一般而言,间接雷的强度不及直接雷,但是间接雷的危害也是不容忽视的。

3）高电位侵入　高电位侵入是指雷电产生的高电压通过架空线路或各种金属管道侵入建筑物内,危及人身和电气设备的安全。

8.4.2　防雷类别

按照建筑物的重要性、使用性质、发生雷击的可能性及其产生的后果,根据《建筑物防雷设计规范》GB50057 – 2010,将建筑物的防雷分为三类。

1. 第一类防雷建筑物

指制造、使用或储存炸药、火药、起爆药、火工品等大量危险物质,遇电火花会引起爆炸,从而造成巨大破坏或人身伤亡的建筑物。

2. 第二类防雷建筑物

指对国家政治或国民经济有重要意义的建筑物以及制造,使用和储存爆炸危险物质,但电火花不易引起爆炸,或不致造成巨大破坏和人身伤亡的建筑物。

3. 第三类防雷建筑物

指需要防雷的除第一类、第二类防雷建筑物以外需要防雷的建筑物。

8.4.3　防雷措施

不同防雷等级的建（构）筑物所采取的具体防雷措施虽然不同,但防雷原理是相同的。

（1）防直接雷措施

防直接雷的基本思想是给雷电流提供可靠的通路,一旦建（构）筑物遭到雷击,雷电流可通过设置在其顶部的接闪器、防雷引下线和接地极泄入大地,从而达到保护建（构）筑物的目的。

（2）防间接雷措施

雷电流和带电云层的电磁感应作用所引起的高电压会在建筑物内的金属间隙中产生火

花,可能损坏电气设备,引起火灾,甚至危及人身安全,因而需将建筑物内的金属物(如设备、构架、电缆金属外皮、金属门、窗等)和突出屋面的金属物与接地装置相连接。室内平行敷设的长金属物(如管道、构架、电缆金属外皮等),当其净距小于 100 m 时,应每隔 30 m 用金属线跨接,以防静电感应。

(3)防高电位侵入

为防止雷电引起的高电位沿配电线路侵入室内,可将低压配电线路全长采用电缆直接埋地敷设,在入户端将电缆的金属外皮接到防雷电感应的接地装置上。当低压配电线路采用架线引人时,在入户处应加装避雷器。

8.4.4　防雷装置

1. 接闪器

接闪器的作用是引来雷电流通过引下线和接地极将雷电流导入地下,从而使接闪器下一定范围内的建筑物免遭直接雷击。

接闪器包括独立避雷针、避雷带或避雷网,有时也将它们进行组合。

(1)避雷针

避雷针通常由圆钢或焊接钢管制成,保护范围由滚球法确定,滚球半径按照建筑物防雷等级的不同取不同数值,见图 8.4.2。

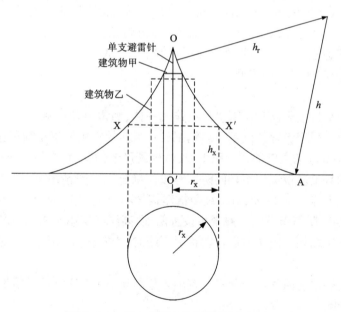

图 8.4.2　单支避雷针的保护范围示意图

单支避雷针的保护范围示意图如图 8.4.2 所示。单支避雷针的保护范围为圆弧 OA 关于 OO′轴的旋转面以下的区域,即假想存在一个半径为 h_r 的球体,贴着地面滚向避雷针。当球体只触及接闪器和地面而不触及需要保护的部位时,则该部分就处于避雷针的保护范围之内(图 8.4.2 中建筑物甲),反之,若球体被建筑物的某个部位阻挡而无法触及接闪器,则该部分不受接闪器保护(图 8.4.2 中建筑物乙)。

当避雷针高度小于或等于滚球半径 h_r 时,根据几何关系,可求得高度为 h_x 的平面 XX′的保护半径为

$$r_X = \sqrt{h(2h_r - h)} - \sqrt{h_X(2h_r - h_X)} \qquad (8.4.1)$$

式中:h_X 为被保护物的高度,m;h_r 为滚球半径,m,由表 8.4.1 查得;h 为避雷针高度;r_X 为高度为 h_X 所处的平面上的保护半径,m。

多支避雷针所确定的保护范围可根据各支避雷针的高度及相对位置通过几何关系求得。

(2)避雷带和避雷网

避雷带通常采用直径不小于 8 mm 的圆钢或截面积不小于 48 mm^2 的扁钢或厚度不小于 4 mm 的扁钢制成。避雷带应沿屋面挑檐、屋脊、女儿墙等易受雷击的部位设置。当屋面面积较大时,应设置避雷网,网格尺寸见表 8.4.1。

表 8.4.1　滚球半径与避雷网尺寸

建筑物防雷等级	滚球半径 h r/m	避雷网尺寸/m
一级防雷建筑物	30	10 × 10
二级防雷建筑物	45	15 × 15
三级防雷建筑物	60	20 × 20

避雷带应采用金属支持卡支出 10 ~ 15 cm,支持卡之间的间距为 1.0 ~ 1.5 m,避雷带及其与引下线的各个节点应焊接可靠,并注意美观整齐不影响建筑物的外观。

屋面以上的永久性金属物(如广告牌、旗杆、霓虹灯架等)应就近与避雷带或避雷网连成电气通路。当屋面设有节日彩灯装置时,彩灯的配电线路应穿金属保护管,设置在避雷带下部,金属管与避雷带应多点焊接连通。

2. 引下线

引下线的作用是将接闪器和防雷接地极连成一体,为雷电流顺利地导入地下提供可靠的电气通路。引下线可采用镀锌的圆钢或扁钢制成。当前的常用做法是利用建筑物钢筋混凝土柱内直径不小于 16 mm 的主钢筋作为引下线,这样既可节约钢材,又可使建筑外观不受影响。

防雷引下线的数量应根据建筑物的防雷等级而确定。一般情况下,引下线之间的水平间距对一级防雷建筑不应大于 12 m,对二级防雷建筑物不应大于 18 m,对三级防雷建筑物不应大于 24 m。建筑物的防雷引下线一般至少设置两处,高层建筑用于防侧击的接闪环应与引下线连成一体。当利用结构柱内主钢筋作防雷引下线时,为安全可靠起见,应采用两根主钢筋同时作为引下线。

为了便于测量接地电阻和检查防雷系统的连接状况,应在各引下线距地面高度 1.8 m 处设断接卡(或测试卡)。

3. 接地装置

防雷接地装置是接地体与接地线的统称。接地体可分为人工接地体和自然接地体。一般应尽量采用自然接地体,特别是高层建筑中,利用其桩基础、箱形基础等作为接地装置,可以增加散流面积,减小接地电阻,同时还能节约金属材料。采用钢筋混凝土基础内的钢筋作为接地体时,每根引下线处的冲击接地电阻应小于 5 Ω。

习　题

8.1　什么叫电力系统和电网？它们的作用是什么？

8.2　电网的额定电压等级有哪些？什么叫高压？什么叫低压？

8.3　电力负荷如何根据用电性质进行分级？不同等级的负荷对供电的要求有何不同？

8.4　用电设备、发电机和变压器的额定电压如何规定？

8.5　什么叫一次电路，什么叫二次电路？

8.6　低压配电方式有哪几种？各有何优缺点？

8.7　什么叫工作接地？什么叫保护接地？

8.8　低压配电系统的接地有几种？各有何特点？

8.9　防雷措施有哪些？

第 9 章　建筑电气施工图

建筑电气工程门类繁多,涵盖了很多具体工程内容,例如有建筑内外线供配电工程、"强电"与"弱电"工程、防雷与接地工程等等。本章主要介绍"强电"(电气照明)与"弱电"(电话、有线电视、信息网络及安全防范)系统的电气工程概略图(电气工程系统图)和电气平面布置图,了解工程施工图的重要作用和意义;熟悉并掌握常见图形符号和文字符号;熟悉并掌握施工图常见表达内容与表达方法;初步掌握阅读施工图的方法与步骤。

9.1　电气照明施工图

9.1.1　电气照明概略图(系统图)

建筑电气照明概略图,前称建筑电气照明系统图,也叫建筑电气照明配电系统图。电气照明概略图的主要任务是描述整个建筑物照明设备的供配电基本情况、主要照明元器件的特征参数等。一般是以一个虚线框围成一个范围,代表着一个照明配电箱或照明配电盘;采用单线绘制成照明系统各照明元件间的组成关系,是一种表达电能输送关系的简图。

在建筑电气照明概略图上应标明以下主要内容:各照明配电装置的编号与型号;各配电装置上所用控制开关、保护电器的型号与规格;各照明干线与支线的导线型号、规格及敷设方式;各照明干线上的安装容量、功率因数等。如有要求的话还应该标出该电气照明系统的计算容量、计算电流及其他照明控制设备的型号与规格等。常见概略图表达方式如图 9.1.1 所示。

电气照明概略图是整个照明工程施工图中的第一张图纸。它既是电气照明施工图的基础,又是选择照明电气设备、选择照明线路敷设方式和做照明工程预算的主要依据之一。总之,是照明工程中重要的基础图纸。

9.1.2　电气照明平面布置图

建筑电气照明平面布置图是建筑照明工程施工中最重要的施工图纸。在照明工程施工现场,安装施工技术人员手持的、看得最多的就是设备平面布置图,安装施工技术人员要依它来进行照明电气设备的具体安装与调试等工作。而照明电气设备的使用人员和维修人员,也是依靠它进行日后的维护及更换设备的工作。

在建筑电气照明平面布置图上主要应标注出以下几项内容:照明电源进线及照明配电装置的位置;照明设备等各种电气设备的型号、规格与具体位置;照明供电线路的走向、照明导线的型号、规格及相应的照明导线敷设安装方式。在照明平面布置图的右下侧也可列出主要设备材料表或简短的照明工程施工说明。

建筑电气照明平面布置图是在土建平面图基础上绘制的。不同之处在于,建筑物的墙体、门窗、柱子等结构元素此时应当用细实线表示;而照明线路、照明设备等用粗实线和相应符号表示。每段导线的根数用短的斜线表示,两根线可省略不画,其余有几根线画几道短划。

9.1.3　电气照明施工图规定符号

构成电气照明工程的元器件及设备种类繁多,电气连线很复杂,不可能也没有必要按照投影原理绘制照明设备和照明线路,一般是在照明工程施工图上采用国家统一规定的图形符号和文字符号以及必要的文字标注,表达照明工程的施工内容,即采用国家标准表达施工内容即可。

但要注意:有的图形符号适用于电气照明概略图,有的图形符号适用于电气照明平面布置图,而文字符号和文字标注一般可适用于所有的电气施工图。

1. 电气照明施工图图形符号

在照明工程施工图上采用规定的图形符号表示一个设备或一种概念。这些图形符的种类很多,是构成建筑电气照明工程施工图这种"工程语言"的具体"词组"。只有正确、熟练、认真地理解和识别它们,才能顺利地掌握准确的识读电气照明工程及其他电气工程施工图的基本功。

参照国际电工委员会的通行做法,我国陆续颁布了新的电气制图国家标准。附录 D 收录了上述标准的部分符号。

2. 电气照明施工图文字符号

为了明确表示出不同的电气设备或照明元器件,还可采用在图形符号旁标注文字符号的方法。一般文字符号可标注出电气设备、电气装置、电气元器件的名称、功能、状态等,还可以作为限定符号与一般图形符号共同使用,用来派生出新的电气图形符号。文字符号一般是由基本符号、辅助符号、数字符号等三部分组成。

(1)基本文字符号

基本文字符号主要表示电气设备、电气元器件、电气线路的名称和特性,有单、双字母之分。单字母符号是以拉丁字母表示的,除 I、O、J 禁用(I、O 容易与数字的 1、0 混淆,J 并未采用)和 D、N 用于数字电路外,其余单字母将电气元器件和电气装置分为 21 大类。在使用过程中应优先选用单字母。双字母是由前为单字母、后为电气元器件英文名的第一个字母组成,即前为种类字母后为功能字母,用来详细具体的表达电气设备、电气装置或电气元器件的类别。如 M 为电动机类别符号,再看第二个字母的标识是那一类电动机:MD 表示为直流电动机、MA表示为交流电动机、MS 表示为同步电动机、MC 表示为笼型电动机等。部分常用电气设备文字符号如表 9.1.1 所示。

表 9.1.1　常用部分电气设备文字符号

装置类别	装置名称	文字符号		装置类别	装置名称	文字符号	
		单字母	双字母			单字母	双字母
组件和部件	应急配电箱		AE	继电器、接触器	电流继电器		KC
	动力配电箱	A	AP		热继电器	K	KH
	照明配电箱		AL		接触器		KM

装置类别	装置名称	文字符号		装置类别	装置名称	文字符号	
		单字母	双字母			单字母	双字母
保护器件	避雷针	F	FL	开关器件	断路器	Q	QF
	熔断器		FU		漏电保护断路器		QK
	跌落式熔断器		FD	信号器件	声响指示器	H	HA
	报警熔断器		FW		指示灯		HL

（2）辅助文字符号

辅助文字符号是用来表示电气设备、电气装置、电气元器件及电气线路的功能、状态和特征等内容的文字符号。基本上为设备名称的英文缩写字母，一般采用大写字母表示。部分常见电气辅助文字符号见表 9.1.2。

表 9.1.2　部分常见电气辅助文字符号

序号	辅助名称	文字符号	序号	辅助名称	文字符号
1	高	H	16	反	R
2	低	L	17	交流	AC
3	启动	ST	18	直流	DC
4	停止	STP	19	模拟	A
5	升	U	20	数字	D
6	降	D	21	黑	BK
7	同步	SYN	22	蓝	BL
8	异步	ASY	23	绿	GN
9	手动	MAN	24	红	RD
10	自动	AUT	25	白	WH
11	闭合	ON	26	黄	YE
12	断开	OFF	27	左	L
13	主	M	28	右	R
l4	辅助	AUX	29	加速	ACC
15	正,向前	FW	30	减速	DEC

（3）特殊文字符号

对于有特殊用途的端子或电气导线,也常会标出一些专用的文字符号,这些文字符号被称之为特殊文字符号。常见的特殊用途文字符号见表 9.1.3。

表 9.1.3　部分常见特殊用途文字符号

序号	名称	符号	序号	名称	符号
1	交流电源第一相	L1(原 A 相)	8	接地	E
2	交流电源第二相	L2(原 B 相)	9	保护接地	PE
3	交流电源第三相	L3(原 C 相)	10	不保护接地	PU
4	交流设备第一相	U(原 A 相)	11	无噪声接地	TE
5	交流设备第二相	V(原 B 相)	12	机壳或机架	MM
6	交流设备第三相	W(原 C 相)	13	PE 线与 N 线共用	PEN
7	中性线	N			

9.1.4　电气照明施工图常用标注方法

电气照明工程施工图上的标注方法,国家标准和行业标准都是有规范的,如电气照明设备的名称、型号、规格、安装方式、安装标高、安装位置等等。必须熟练掌握标注方法才能顺利地识读电气照明工程施工图纸。表 9.1.4 为设备和线路的一般表示方法。

表 9.1.4　设备和线路的一般表示方法

1	用电设备	$\dfrac{a}{b}$ 或 $\dfrac{a}{b}+\dfrac{c}{d}$	a—设备编号 b—额定功率(kW) c—线路首端熔断片或自动开关释放器的电流(A) d—标高(m)
2	电力和照明设备	$(1)\,a\dfrac{b}{c}$ 或 $a-b-c$ $(2)\,a\dfrac{b-c}{d(e\times f)-g}$	(1)一般标注方法 (2)当需要标注引入线的规格时 a—设备编号 b—设备型号 c—设备功率(kW) d—导线型号 e—导线根数 f—导线截面(mm²) g—导线敷设方式及部位
3	线路	$a-b-(c\times d)-ef$	a—线缆编号 b—线缆型号(也有时在 b 后加注额定电压 V) c—线缆根数 d—线缆截面 mm²,若 d 不同应分开标注 e—线缆敷设方式 f—线缆敷设位置(mm²)
4	照明变压器	$a/b-c$	a—次电压(V) b—二次电压(V) c—额定容量(VA)

5	照明灯具	$(1)a-b\dfrac{c\times d\times l}{e}f$ $(2)a-b\dfrac{c\times d\times L}{-}$	(1)一般标注方法 (2)灯具吸顶安装 a—灯数 b—型号或编号 c—每盏照明灯具的灯泡数 d—灯泡容量(W) e—灯泡安装高度(m) f—安装方式 L—光源种类
6	电缆与其他设施交叉点	$\dfrac{a-b-c-d}{e-f}$	a—保护管根数 b—保护管直径(mm) c—管长(m) d—地面标高(m) e—保护管埋设深度(m) f—交叉点坐标
7	安装和敷设标高(m)	(1) ± 0.000 (2) ± 0.000	(1)用于室内平面、剖面图上 (2)用于总平面图上的室外地面
8	导线根数	(1) (2) 3 (3) n	当用单线表示一组导线时,若需要示出导线数,可用加小短斜线或画一条短斜线加数字表示。 例:(1)表示 3 根,(2)表示 3 根,(3)表示 n 根
9	导线型号规格或敷设方式改变	$(1)\dfrac{3\times16}{}\times\dfrac{3\times10}{}$ $(2)-\times\dfrac{d20}{}$	(1)3×16 mm^{2}导线改为 3×10 mm^2 (2)无穿管敷设改为导线穿管(d20)敷设
10	直流电	$-220V$	
11	交流电	$m\sim f,U$ $3\sim50$ Hz,380 V	m—相数 f—频率(Hz) U—电压(V) 例:示出交流,三相带中性线,50 Hz,380 V

1. 常用导线与电缆的表示方法

导线与电缆的品种很多,在电力线路中应用比较广泛的只有三种,即裸导线、绝缘导线和电力电缆。具体到建筑照明电力线路上,一般的在照明配电箱后只采用绝缘导线,而在照明配电箱前或移动照明和移动式小型单相电动工具上,则可适当地采用电力电缆。

表示绝缘导线材质的符号有 L(铝)、T(铜)(但一般 T 不表示出来)两种线芯;表示绝缘材料的符号有:V(聚氯乙烯塑料)、VV(聚氯乙烯绝缘塑料护套)、X(橡胶)、F(氯丁橡胶)、Z(纸)、YJ(交联聚乙烯);表示线路线型的符号有:B(绝缘导线也称绝缘布线)、J(绞线)、S(双绞)、Y(硬母线)、R(软导线)、Q(轻型线)、D(灯用线)等符号。

绝缘导线的一般型号表示为:B[1][2]。

其中各符号的含义为:

　　B——绝缘布线;

　　[1]——线芯材料:L 为铝芯,铜芯不表示;

　　[2]——绝缘材料:塑料 V、橡胶 X、氯丁橡胶 F、塑料护套 VV。

　　一般高低压架空配电线路经常采用裸绞线,如铜绞线(TJ)、铝绞线(LJ)、钢芯铝绞线 (LGJ)。由于投资原因,目前工程上主要采用 LGJ。配电室也常采用横截面为矩形的裸母线, 如矩形硬铜母线(TMY)、矩形硬铝母线(LMY)等。

　　一般的低压配电线路则常采用低压绝缘导线,如塑料铝芯绝缘导线(BLV)(也有的称之 为铝芯塑料绝缘导线)、塑料铜芯绝缘导线(BV)、橡胶铜芯导线(BX)、橡胶铝芯绝缘导线 (BLX)、铝芯聚氯乙烯塑料护套线(BLVV)、铜芯氯丁橡胶导线(BXF)等等。建筑电气照明工 程就属于低压配电线路。建筑电气工程中经常采用的部分导线型号、规格及用途见附录 C。

　　电缆的型号一般是由排列字母和数字组合表示的。电缆型号字母及含义见表9.1.5。

表 9.1.5　电缆型号字母及含义

电缆类别	电缆线芯材料		电缆绝缘种类	电缆特征
(电力电缆不表示) K 控制电缆 P 信号电缆 Y 移动电缆 H 市内缆电话线	T 铜(不表示) L 铝		Z 纸绝缘 X 橡胶绝缘 V 聚氯乙烯绝缘 Y 聚乙烯绝缘 YJ 交联聚乙烯绝缘	D 不滴油 P 屏蔽 F 分相护套 Q 轻型 Z 中型 C 重型
电缆内护层	电缆外护层			
Q 铅包	第一个数字		第二个数字	
L 铝包	代号	铠装层类型	代号	外皮层类型
H 橡套	2	双钢带	1	纤维
V 聚氯乙烯套	3	细圆钢丝	2	聚氯乙烯护套
Y 聚乙烯套	4	粗圆钢丝	3	聚乙烯护套

2. 线路的一般标注方法

　　在建筑电气照明工程施工图中应当标出电气照明线路的功能、型号、规格、导线敷设方式 及导线的敷设部位等工程信息。导线敷设方式与导线的敷设部位,均为通过规范的文字标注 符号表示出来。常见建筑电气线路的敷设方式与敷设部位文字符号见表 9.1.6。注意,在此 表中既有单字母又有双字母,既有新标准的符号又有旧标准的符号。

　　如标注为“WL1-BV-(3×4)-PVC25WC”的导线,根据表 9.1.4 的序号 3 和表 9.1.6 可知 其符号含义为:1 号照明线路,塑料铜芯绝缘导线,共 3 根线,每根导线截面均为 4 mm^2,穿 Φ = 25 mm 的聚氯乙烯硬质电线管,暗敷设在墙内。

表9.1.6　常用线路的敷设方法与部位文字符号

	代号	名　称	代号	名　称
线路的标注	WC	控制线路	WV	电线线路
	WP	电力线路	WL	照明线路
	WS	广播线路	WE	应急线路
	WD	直流线路	WX	插座线路
	WF	电话线路		
	代号	名　称	代号	名　称
线路敷设方法的标注	RC	穿水煤气管敷设	CP	穿金属软管敷设
	SC	穿焊接钢管敷设	CE	穿混凝土排管敷设
	MT	穿碳素钢电线套管敷设	TC	电缆沟铺设
	KBG	穿套接扣压式薄壁钢管敷设	M	用钢索敷设
	JDG	穿套接紧定式钢管管敷设	DB	直接埋设
	PVC	穿聚氯乙烯硬质电线管敷设	SR	金属线槽敷设
	FPC	穿聚氯乙烯半硬电线管敷设	PR	塑料线槽敷设
	KPC	穿聚氯乙烯塑料波纹电线管敷设	CT	电缆桥架敷设
	代号	名　称	代号	名　称
导线敷设部位的标注	AB	沿或跨梁(屋架)敷设	WC	暗敷设在墙内
	BC	暗敷设在梁内	CE	沿天棚或顶棚面敷设
	AC	沿柱或跨柱敷设	CC	暗敷设在屋面或顶板内
	CLC	暗敷设在柱内	SCE	吊顶内敷设
	WS	沿墙面敷设	FC	地板或地面下敷设

3. 用电设备的一般标注方法

例如,标注为"14YR/30"的电气设备,含义为:第14号电机,电机型号为YR,电机的额定功率为30 kW。又如,标注为"$\frac{10}{85}+\frac{200}{0.8}$"的电气设备,含义为:编号为第10号的电动机,电机的额定功率为85 kW,自动开关脱扣器的电流为200 A,安装标高为0.8 m。

照明开关与熔断器也是有规范的标注方法,一般标注形式为:

$a-b-c/i$

其中各符号含义为 :

a——设备编号;

b——设备型号;

c——额定电流 A;

i——整定电流 A。

如标注为"2 – DZ10 – 100/60"的电气设备,描述的是第2号照明开关为设计序号10的装置式自动空气开关,开关的额定电流值为100 A,开关脱扣器的整定电流值为60 A。

如需要标注出照明开关引入导线的规格时,例如,标注为"$4\frac{DZ5-50/15}{BVV(3\times4)-WE}$"的电气设备,符号描述的是:第 4 号照明开关,开关是型号为 DZ5 的空气开关,开关的额定电流为 50 A,开关的整定电流为 15 A,开关的引入导线为型号 BVV 的铜芯塑料绝缘塑料护套导线,导线的根数为 3 根,导线的截面积为 4 mm²,开关的安装方式为沿墙明敷设。

对于插座、风扇、空调、电铃等电器设备,在照明图上主要是通过规定的图形符号表示的,也有一些常采用习惯文字符号表示,见表 9.1.7。

表 9.1.7　照明常用开关插座习惯文字符号

设备名称	符号	设备名称	符号	设备名称	符号
开关器件	Q	自动开关	QF	拉线开关	SL
单极明开关	SM	双极明开关	2SM	三极明开关	3SM
单极暗开关	SN	双极暗开关	2SN	三极暗开关	3SN
防水开关	SS	防爆开关	SB	多拉开关	ST
电灯调光开关	ASG	吊扇调速开关	AS	声光控开关	S
插座	XS	插头	XP	单极明插座	XSM
三极明插座	3XSM	单极防水插座	XSS	单极暗插座	XSN
二极暗插座	3XSN	单极防水插座	3XSS	单极防爆插座	XSB

4. 照明器具的一般标注方法

在电气照明施工图上应当标出照明器,这是照明施工图的基本任务。照明器采用图形与文字符号相结合的方法标注,基本标注方法见表 9.1.4 序号 5 所示的一般标注方法 "$a-b\dfrac{c\times d\times L}{e}f$",其灯具类型的 b、光源种类 L、安装方式 f。表 9.1.8 收录了部分常用符号。

如标注为 "$4-L\dfrac{2\times40IN}{3}CS$" 的照明设备,描述的是:有 4 盏花灯,每盏灯内有 2 个 40 W 的白炽灯,安装高度 3m,采用链吊式方法安装。又如标注为 "$2-FL\dfrac{1\times40}{-}$" 的照明设备,含义为:安装两盏荧光灯,采用吸顶方式安装,灯具内有一根 40 W 的荧光灯管。

表 9.1.8　照明器具的一般标注符号

项目	名称	符号	名称	符号	名称	符号
常用电光源种类的代表符号	氖灯	Ne	氙灯	Xe	弧光灯	ARC
	钠灯	Na	汞灯	Hg	红外线灯	IR
	碘灯	I	白炽灯	IN	发光二极管	LED
	荧光灯	FL	电发光灯	EL	紫外线灯	UV
	石英灯	HI	金属卤化物灯	MH		

项目	名称	符号	名称	符号	名称	符号
常用各类灯具种类的代表符号	普通吊灯	P	投光灯	PGS	聚光灯	SL
	吸顶灯	C	筒灯	R	备用照明灯	ST
	圆球灯	G	局部照明灯	LL	公共场所灯具	Z
	密闭灯	EN	安全照明灯	SA	建筑类灯具	M
	防爆灯	EX	壁灯	W	泛光灯	FL
	防爆灯具	B	花灯	L	水下灯	SS
	医疗灯具	Y	航空灯具	H	水面水下灯具	S
常用灯具安装方式代表符号	链吊安装	CS	壁装式	W	吸顶嵌入式	CR
	管吊安装	DS	线吊式	SW	柱上安装式	CL
	吸顶式	C	自在器线吊式	SW	壁上嵌入式	WR
	嵌入式	R	座装式	HM	支架上安装式	S

9.1.5　电气照明施工图识读的一般要求和方法

1.电气照明施工图识读的重要性

目前,一般民宅或小容量电力系统常常将动力与照明合为一个配电箱供电,因而一般动力与建筑照明往往是同时出现的,很难将它们截然分开。建筑物内各种电气设备的功能,电气设备和电气元器件的型号、规格及它们的安装位置,建筑物内供电线路的走向、敷设方式与敷设位置,线路导线型号与规格,建筑物内各弱电系统的布置等等,都结合在同一套电气施工图中。因此,往往由于对施工图纸的误解或疏忽,导致电气安装工作的失误,轻者使电气设备功能不能得到完美的实现,重者会导致系统功能的损坏,甚至会在使用中造成重大事故。

同时,电气工程施工图一经审核批准后就立即生效,它既是工程技术文件又具有一定的法律效力,任何违背工程施工图纸的蛮干而导致的经济损失,工程施工技术人员都负有无法推卸的法律责任。因此,无论从什么角度看,认真而又细致地阅读工程施工图,是工程开工前最重要的准备工作。

2.电气照明施工图识读的一般方法

一般来讲识读施工图有共同遵守的读图步骤,这是经过工程实践证明的正确的识读程序。这个步骤是:工程说明→内外电总平面图→照明概略图→电气照明设备平面布置图→电路图→接线图→详图顺序进行。若是单一照明或是小型电力工程,也可不画出内外电总平面图。

（1）识读目录和说明

通过目录和说明了解工程特点、设计依据、工程要求、主要设备等,特别注意掌握工程说明中的几项重点内容:

①工程总体要求,采用的标准规范,供电电源要求及进户线;

②整个系统的供电方式、保护方式、安全用电及对漏电采取的措施,若为大型照明系统,还需了解电源切换程序及要求;

③文字标注、符号意义及其他说明。

（2）识读电气总平面图

在大型照明工程中有电气总平面图,应注意以下几项重点内容:

①建筑物名称、用途,建筑面积、标高,用电设备容量及大型用电设备情况等;

②电气装置位置、型号、电压,进户位置及方式,低压供电线路的走向,选用导线或电缆型号、规格,低压供电线路的负荷大小,弱电系统的入户等情况;

③建筑物周围的环境、道路的基本状态、周围的地形与地物等情况;

④其他有关说明。

识读电气总平面图一般是按照以下次序进行:电源来源→变电设施→母线(总配电箱)→干线→分配电箱。

（3）识读电气照明概略图

识读照明概略图的内容如下:

①建筑物照明线路的回路编号,进线方式及线制,线路导线与电缆的型号与规格;

②配电箱（盘、柜）的型号、规格,箱上总开关、熔断器的型号与规格,各回路的开关、熔断器的型号与规格,各回路的编号及相序的分配、容量,导线型号与敷设方式,保护级别与范围等;

③应急或备用照明情况。

识读电气照明概略图一般次序是:电源→进户→母线(总配电箱)→馈线→终端。

（4）识读电气照明平面布置图

这是识读照明施工图中最重要的,也是工作量最大、不能马虎的一项工作,在识读过程中应注意以下几项内容:

①电源入户位置、方式,导线型号规格及导线敷设方式;

②照明器和其他照明设备的型号、规格、数量、位置,从照明配电盘到照明设备的导线型号、规格及敷设方式;

③核对照明平面图与照明概略图的回路编号、容量、控制方式;

④核对与照明工程相对应的建筑物的土建资料;

⑤了解建筑物内照度、照明要求及建筑物周围环境。

识读电气照明平面布置图一般次序是:电源进线→照明配电箱(照明盘)→照明干线→照明设备。

9.1.6　电气照明施工图识读示例

本节中从有关资料中选取了一些照明系统图和平面图供参考。

1.照明系统图

（1）住宅楼门栋照明系统图示例

图 9.1.1 为六层一梯两户照明系统图。首层入户线缆进线穿 SC100 焊接钢管,经电缆柜后改穿 SC80 焊接钢管埋地辐射至首层的电缆接线箱 DZM 中,箱体尺寸为 $560 \times 800 \times 160$,同时将 PE 线经接线盒后一同接入 DZM。DZM 中内设 RT18/32A/4 熔断器以及 ASPFLD2 – 40T/4 的防浪涌抑制器。该系统干线均采用 ZR-BV – 500V 阻燃导线引至各层配电箱中。以一层 AL – 1 – 0 为例,导线经电缆换线箱换线后,为 ZR-BV – 500V – 4×50,穿 PC63 聚氯乙烯硬质电线管,同时接一根 PE 线,型号为 ZR-BV – 500V – 1×25,穿 SC25 焊接钢管埋地或沿墙敷设

电缆柜	干线T接箱	层电度表箱			分户配电箱	
		电度表	分户开关＋过压保护	容量	入户管线	
		5(20)A	BLMG63-C20/2P	4KW	BV-3x10-PVC32	
		10(30)A	BLMG63-C32/2P	6KW	BV-3x10-PVC32	
		10(40)A	BLMG63-C40/2P	8KW	BV-3x16-PVC32	

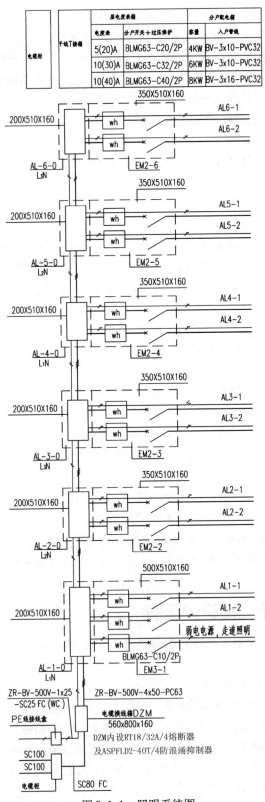

图 9.1.1　照明系统图

至 AL - 1 - 0 箱内,箱体尺寸为 $200 \times 510 \times 160$。然后接到旁侧的 EM3 - 1 的电能表箱中。表箱尺寸为 $500 \times 510 \times 160$。从该箱中引出三路分别接入到两个住户(AL1 - 1、AL1 - 2)以及整个楼栋的强电、公共照明,入户前需加电能表,独立计量各户用电量,方便使用。需要说明的是,从图中不难看出,只在首层的表箱中单独引一路来专门计量整个楼栋的公共照明即可,因此无需在各层再单独进行设计。

（2）住宅楼标准层户内配电箱照明系统图示例

图 9.1.2 是该住宅楼标准层配电箱照明系统图。

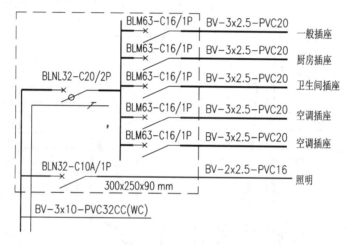

图 9.1.2　标准户内配电箱照明系统图

该住宅属于二类标准,因此配电箱容量选取 4 kW,以单相 220 V 供电,一户一表集中安装在表箱内,每具电能表后应安装每户住宅的总断路器。该总断路器应可同时断开相线和中性线并具备短路、过载及过电压的保护功能。入户采用 3 根 10 mm² 的绝缘电线穿管径为 32 mm 的 PVC 管引至配电箱。该箱分两个回路分别为供照明回路使用,而另一路为户内所有插座使用。照明回路设断路器作为控制和保护用,型号为 BLN32 - C10A/1P,整定电流为 10 A。插座回路设双极漏电短路器作为控制和保护用,型号为 BLNL32 - C20/2P,整定电流为 20 A。而插座回路又分为五条支路,分别供普通插座及厨房、卫生间、空调插座使用。由于各插座支路上一级采用了漏电短路器进行保护,所以在各自支路选配短路器即可,型号为 BLM63 - D16/1P,整定电流为 16 A。从配电箱引至各回路、支路的导线均采用塑料绝缘铜线穿阻燃塑料管(PVC),各插座支路保护管径为 20 mm,而照明回路为 16 mm,其中照明回路为 2 根 2.5 mm² 的导线(一根相线和一根中性线),而插座支路均为 3 根 2.5 mm² 的导线,即相线、中线、保护 PE 线各一根。

这里需要说明一点,如果支路采用金属保护管,管内的保护接地线可以省掉,而利用金属管路作为保护接地线。

2. 标准层平面图的识读

根据设计说明的要求,图 9.1.3 中所有管线均采用 PVC 阻燃塑料管沿墙或楼板内敷设,管径为 20 mm 和 16 mm 两种,采用塑料绝缘铜线,截面积为 2.5 mm²,管内导线根数按图中标注,在黑线(表示管线)上没有标注的均为 2 根导线,凡用斜线标注的应按斜线标注根数统计。

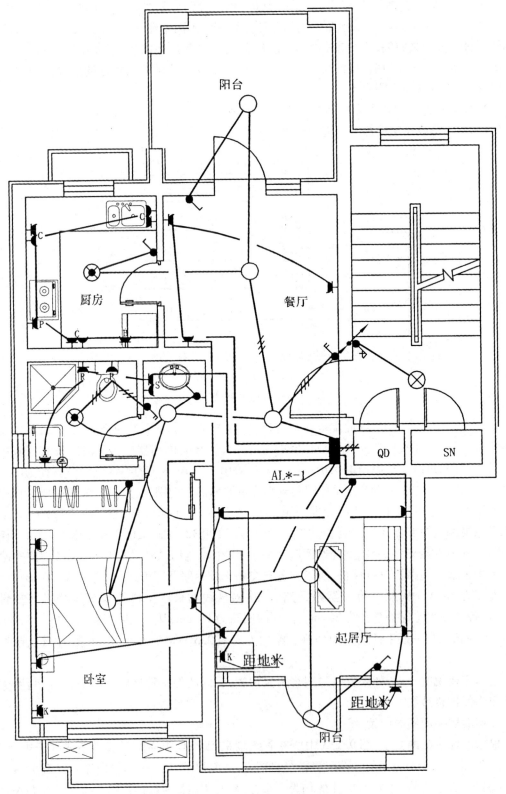

图 9.1.3 住宅标准层照明平面图

电源从楼梯间的强电井(QD)中引入照明配电箱(AL∗-1),共分两个回路,即插座回路和照明回路。与系统图对应,其中插座回路又引出五条支路,分别引至卫生间插座、厨房插座、其他户内插座及两路空调专用插座。插座的具体规格及安装高度详见图例表。

照明回路从配电箱引出后第一接线点是玄关的吸顶灯,然后从这里分散出去,一路接到餐厅,另一路接到盥洗间,还引出一路接到入户右手侧的暗装双极开关(见图例表)。该双极开关分别控制玄关及餐厅处的照明灯具。

从餐厅的灯口(第二接线点)引出两条支路,连接厨房及阳台的照明设备。需要注意的是厨房及卫生间应选择防水防尘灯,也就是图例表中所提到的瓷质防水灯口,而控制阳台照明的开关应置于户内套间,便于使用及维护。

而盥洗间的灯具可作为第三接线点,分别引出至卫生间及卧室的照明灯具。需要指出的是,卫生间内有一排风扇插座接入照明回路,且开关置于卫生间外侧,控制照明和排风扇使用。同样,起居厅的照明线路引自卧室,而其自身亦可作为接线点引出至起居室外的阳台。

楼梯间照明为 60 W,吸顶安装,暗装延时开关距地 1.4 m;照明配电箱暗装,下口距地 1.6 m。

综上所述,可以明确看出,凡是标注在同一张图样上照明及其开关的管线均由照明配电箱引出后上翻至该层顶板上敷设安装,并由顶板再引下至开关上;而插座的管线均是由照明配电箱引出后下翻至该层地板上敷设安装,并有地板上翻引至插座上。

图例见表 9.1.10。

表 9.1.10　图例 1

序号	图例	名称	规格	备注
1	⊗	吸顶灯	1×60 W	吸顶安装
2	○	平装灯口		房内居中
3	⊗	瓷质防水灯口		厨房,卫生间内居中
4	●	暗装单极开关	250 V – 10 A	距地 1.4 m
5	●	暗装延时开关	250 V – 10 A	距地 1.4 m
6	●	暗装延时开关	250 V – 10 A	距地 1.4 m
7	⊽	单相二孔三孔双联插座	250 V – 10 A	距地 0.3 m(标注者除外)
8	⊽B	冰箱插座	250 V – 10 A	带开关距地 1.6 m
9	⊽R	热水器插座	250 V – 10 A	带开关防水型,距地 2.5 m
10	⊽S	梳妆插座	250 V – 10 A	带开关防水型,距地 1.5 m
11	⊽P	排风扇插座	250 V – 10 A	防水型,距地 2.5 m
12	⊽X	洗衣机插座	250 V – 10 A	带开关防水型,距地 1.5 m
13	⊽K	空调插座	250 V – 16 A	带开关距地 1.8 m(起居厅内距地 0.3 m)
14	⊽C	厨房插座	250 V – 10 A	带开关距地 1.4 m
15	⊽P	抽油烟机插座	250 V – 10 A	带开关距地 1.6 m 距风道水平距离 0.8 m
16	▬	照明配电箱	具体见图纸标注	距地 1.6 m

9.2　建筑弱电实例分析

　　建筑弱电的设计包括电话、有线电视、信息网络及安全防范系统。本节中节选住宅标准层弱电平面图及其系统图对上述四个方面进行说明。

9.2.1　电话系统

　　图 9.2.1 为标准层一梯两户的电话系统图。从中不难看到，住宅电话电缆入户管采用的是水煤气管 RC50（若采用硬脂聚乙烯管时用 PVC50），多层住宅每门栋首层设一接线箱，接线箱尺寸为 250 mm×300 mm×140 mm（宽×高×深）。其他各层设分线箱，分线箱尺寸为 150 mm×225 mm×80 mm（宽×高×深），分线箱均暗装，下口距地 1.6 m。

　　根据相关规定，多层住宅各层分线箱之间敷设电话电缆的暗管宜采用薄壁钢管 KBG25。中高层及高层住宅应将处置干线敷设在弱电竖井中。本系统根据实际情况采用的是 KBG32WC，由弱电平面图可知由于该住宅没有预留弱电竖井，因此埋墙敷设干线。每层分线箱至各住宅单元内电话出线口之间应敷设暗管，管线宜采用薄壁钢管或硬质聚乙烯管，1 至 2 对电话线穿管 KBG15 或 PC16。通过该电话系统图可知，本系统入户接 SPD（防浪涌抑制器）并做接地保护，穿 RC50 水煤气管埋地敷设，入户后采用 PVC16。

　　住宅单元内电话设置最低标准：

　　①两个居住空间的住宅（一类）在起居室（厅）设一个电话出线口。

　　②三～四个居住空间的住宅（二、三、四类）除在起居室（厅）设一个电话出线口外，在主卧室增设一个电话出线口，两个电话机可共用一对线路。

9.2.2　有线电视系统

　　住宅有线电视引入方式均以电缆埋地引入。每个门洞设一组有线电视引入管。在每个门栋首层预埋两根管。当采用水煤气管时用 RC50，采用硬质聚乙烯管时用 PVC50。两管接至首层放大器和分配器公用箱或引至弱电竖井。

　　根据相关规定，多层住宅放大器和分支分配器公用箱一般设在首层，尺寸为 400 mm×500 mm×150 mm（宽×高×深），箱下口距地 1.6 m，交流 220 V 电源及接地线应送至箱内。住宅各层分支分配箱尺寸为 220 mm×225 mm×120 mm（宽×高×深），箱下口距地 1.6 m。

　　六层及以下住宅各层分支分配器之间的预埋管宜为薄壁钢管 KBG25，七至九层住宅宜预埋两根薄壁钢管 KBG25 或同轴电缆沿弱电竖井敷设。十层以上住宅垂直干线沿弱电竖井敷设。每层楼分支分配器箱至各住宅单元的埋管为 KBG20 或 PVC20，暗设于楼板或墙体内。线路穿管布线的管路较长或有弯时，宜适当加装线盒，并应符合以下要求：直线管路不超过 30 m，有一个弯时不超过 20 m，有两个弯时不超过 15 m，有三个弯时不超过 8 m。

　　住宅内电视终端设置最低标准：

　　①两个居住空间的住宅（一类）在起居室（厅）设一个电视终端盒。

　　②三～四个居住空间的住宅（二、三、四类）除在起居室（厅）设一个电视终端盒外，另在主卧室增设一个电视终端盒。

　　③三～四个居住空间的住宅（二、三、四类）除在起居室（厅）设一个 220 mm×225 mm×

120 mm(宽×高×深)的分支分配器(暗装),箱下口距地 0.3 m,两个电视终端均引自该分支分配器箱。

④从电视终端盒至分配器箱之间的距离不宜大于 10 m。

图 9.2.2 为电视系统图。本例中电视系统进线穿水煤气管 RC50 埋地敷设至首层放大器和分支分配器公用箱内,箱体尺寸为 400 mm×500 mm×150 mm,住宅各层分支分配箱尺寸为 220 mm×225 mm×120 mm,顶层由于需加设前端箱,因此箱体尺寸为 220 mm×245 mm×120 mm。各层分支分配器之间的预埋管为薄壁钢管 KBG25,且每层楼分支分配器箱至各住宅单元的埋管为 PVC20。入户后引至各电视终端。

9.2.3　信息网络系统

住宅及住宅区的信息网络系统由住宅区宽带网、有线电视网和电话网等组成,提倡采用多网融合技术。一般来说,住宅区宽带接入网可以采用 FTTZ(光纤到小区)、FTTB(光纤到楼)、FTTF(光纤到层)、xDSL(ADSL、HDSL、VDSL)、HFC、无线接入等接入技术。新建住宅及住宅小区均应设置信息网络系统,应在每个住宅单元至少设一个信息插座,并且带宽不应小于 2 MHz。

住宅户数在 24 户以下时网络设备箱尺寸为 500 mm×500 mm×200 mm(高×宽×深),住宅户数多于 24 户不超过 96 户时箱体尺寸为 800 mm×600 mm×200 mm。多层住宅的网络设备箱宜在首层敷设,并设有网络埋地入户管,管径不小于 RC50。中高层及高层住宅的网络设备箱宜设在弱电竖井内。应根据建筑形式及信息插座分布确定网络设备箱的数量。其网络埋地引入管不小于 RC50 应引至弱电竖井。

住宅一般采用从首层网络设备箱直接配线至各住宅单元的方式,最远距离不大于 90 m。其垂直干管在每层应设分线箱,分线箱尺寸不小于 200 mm×250 mm×100 mm(高×宽×深)。垂直干线的导管穿管填充率不大于 40%。

从每层分线箱至各信息插座的埋管为 KBG20 或 PC20,信息插座距地 0.3 m。网络设备箱内应预留交流 220 V 带 PE 线的电源。

图 9.2.3,系统中,入户穿 RC50 水煤气管,接入 SPD 防浪涌抑制器并做接地保护,埋地敷设引至网络设备箱,其尺寸为 500 mm×500 mm×100 mm(以实际情况为准)。各层之间主干穿薄壁钢管 KBG40 沿墙敷设,分线箱箱体尺寸为 220 mm×245 mm×120 mm(以实际情况为准),从分线箱穿 PVC20 入户引至各信息终端。

9.2.4　安全防范系统

一般来说,家庭内的安防系统主要由紧急求助报警装置、访客对讲系统以及入侵报警系统三个方面组成。

1. 紧急求助报警装置

对报警装置要求如下:

①紧急求助报警装置应操作简单、可靠;

②应在户内不少于一处安装紧急求助报警装置;

③紧急求助报警装置宜与安防监控中心计算机联网,安防监控中心应能实时处理和记录报警事件。

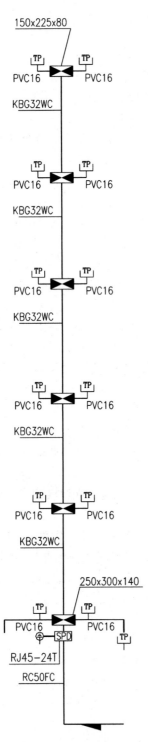

图 9.2.1　电话系统图

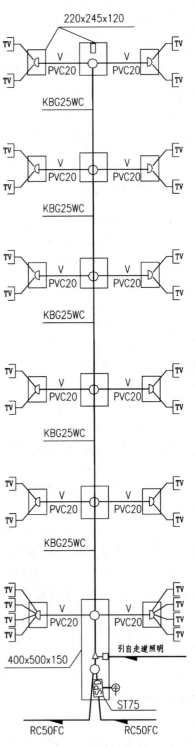

图 9.2.2　有线电视系统图

2. 访客对讲系统

对访客对讲系统要求如下：

①在住宅楼入口处或防护门上设置访客语音对讲装置,应具有访客与住户对讲、住户控制开启单元入口处防护门的基本功能;

②访客对讲系统主机安装在单元入口处防护门上或墙体主机预埋盒内,主机应配置不间断电源装置,安装高度距地不宜小于 1.8 m;

③每户应设置室内分机,分机安装于过厅或居室内,安装高度宜距地 1.4 m;

④访客对讲系统宜采用联网型,安防监控中心内的管理主机具有与各住宅楼道入口处主机及住户室内分机相互联络、通信的功能;

⑤先进型住宅小区可选择性地在小区主要出入口设置访客对讲装置;

⑥先进型住宅小区采用可视对讲系统时,可视对讲主机应采用 CCD 低照度广角摄像机,宜具有红外线 LED 自动调光功能。

3. 入侵报警系统

对入侵报警系统要求如下:

①提高型住宅可在住户室内、户门、阳台及外窗等处选择性地安装入侵报警探测装置;

②探测器的保护范围、稳定性、隐蔽性应满足设计要求;

③安防监控中心应能实时处理和记录报警事件。

图 9.2.4 系统中,主干进线穿两根 RC25 水煤气管引至可视对讲控制主机,控制主机同时接入不间断电源 UPS,主干进线引至首层接线箱。管线采用 SYKV 及 RVV。该系统中,各层接线箱尺寸为 350 mm×400 mm×120 mm,之间用 RVV 连接。每层管线穿 PVC20 入户后引至各终端。

具体元器件符号及安装高度详见表9.1.11。通信电缆导线型号及用途见附录 E。电线电缆穿管管型见表9.1.9。

9.1.11 图例2

序号	图例	名称	规格	备注
1	VP	电视分支器箱	220×245×120	层箱见详图,户内距地0.3 m
2	VH	放大分配分支箱	400×500×150	见详图
3	▶◀	电话分线箱	具体见图纸表格	见详图
4	HUB	网络箱	具体见图纸表格	见详图
5	TP	电话终端		户内距地0.3 m
6	TV	电视终端		户内距地0.3 m
7	TO	数据终端		户内距地0.3 m
8	⌣	门窗磁		门窗执手侧安装
9	☎▣	可视对讲机		距地1.4 m
10	⊙	紧急按钮		距地1.4 m
11	⌇	气体探测器		吸顶安装
12	▭▥	可视对讲电控主机		距地2.5 m
13	UPS	不间断电源		距地1.6 m

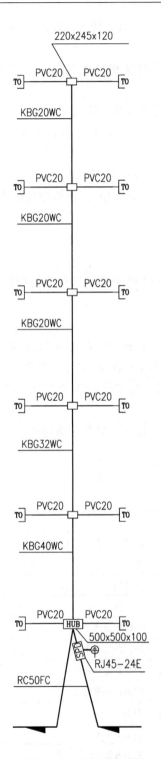

图 9.2.3　宽带网系统图

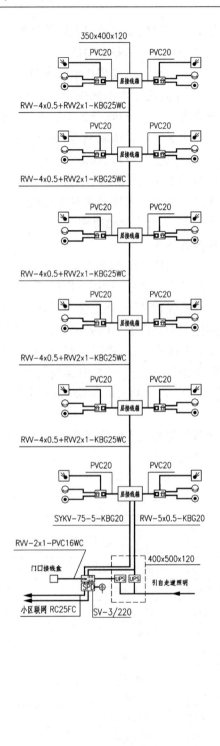

图 9.2.4　对讲及安防系统图

弱电系统平面图如图 9.2.5 所示。

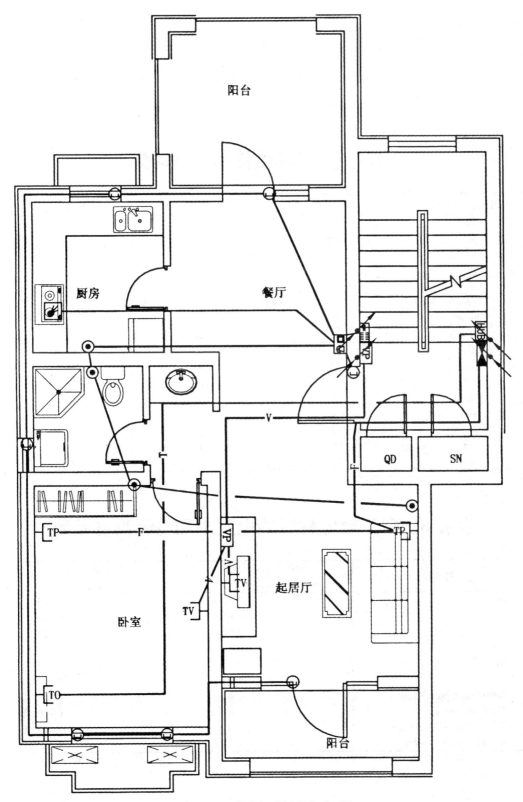

图 9.2.5 住宅标准层弱电平面图

附　　录

附录 A　　国际单位制(SI)词头

词头原文(法)	中文名称	符号	含义
exa	艾	E	10^{18}
peta	拍	P	10^{15}
tera	太	T	10^{12}
giga	吉	G	10^9
mega	兆	M	10^6
kilo	千	k	10^3
hecto	百	h	10^2
deca	十	da	10^1
deci	分	d	10^{-1}
centi	厘	c	10^{-2}
milli	毫	m	10^{-3}
micro	微	μ	10^{-6}
nano	纳	n	10^{-9}
pico	皮	p	10^{-12}
femto	飞	f	10^{-15}
atto	阿	a	10^{-18}

附录 B　　常用导电材料的电阻率和电阻温度系数

材料名称	电阻率 ρ(20℃时) $\Omega \cdot mm^2/m$	电阻温度系数 α (0~100℃)(1/℃)
铜	0.0175	0.004
铝	0.026	0.004
钨	0.049	0.004
铸铁	0.50	0.001
钢	0.13	0.006
碳	10.0	-0.0005
锰铜($Cu_{84}+Ni_4+Mn_{12}$)	0.42	0.000005
康铜($Cu_{60}+Ni_{40}$)	0.44	0.000005
镍铬铁($Ni_{66}+Cr_{15}+Fe_{19}$)	1.0	0.00013
铝铬铁($Al_5+Cr_{15}+Fe_{80}$)	1.2	0.00008

附录 C　部分常用电缆、导线的名称、型号、规格及用途表

类别	型号	名称	额定电压 (kV)	主要用途	截面范围 (mm²)	备注
裸导线	LJ LGJ	铝绞线 钢芯铝绞线		用于一般架空线路 用于高压线路的档距较长、杆位高差较大场所	10 ~ 600 10 ~ 400	
橡皮绝缘导线	BLX (BX)	铝芯橡皮绝缘线(铜芯橡皮绝缘线)	交流 0.5 直流 1 及以下	固定敷设	2.5 ~ 500	2、3、4 芯的只有 2.5 ~ 95 mm²
	BLXF (BXF)	铝(铜)芯氯丁橡皮绝缘线	交流 0.5 直流 1 及以下	固定敷设。尤其适用于户外	2.5 ~ 95	
	BXR	铜芯橡皮软线	交流 0.5 直流 1 及以下	室内安装要求较柔软时用	0.75 ~ 400	
塑料绝缘导线	BLV (BV)	铝芯聚乙烯绝缘线(铜芯聚乙烯绝缘线)	交流 0.5 直流 1 及以下	固定明、暗敷设	0.75 ~ 185	共有 1 芯和 2 芯两种,其中 2 芯只有 1.5 ~ 10 mm²
	BLVV (BVV)	铝(铜)芯聚乙烯护套电线	交流 0.5 直流 1 及以下	固定明、暗敷设,还可以直埋敷设	0.75 ~ 10	共有 1、2、3 芯三种
	BVR	铜芯聚氯乙烯软线	交流 0.5 直流 1 及以下	同 BV 型,安装要求柔软时用	0.75 ~ 50	
	BLV BV – 105	铝(铜)芯耐热105℃聚氯乙烯绝缘导线	交流 0.5 直流 1 及以下	同 BLV(BV)型,用语高温场所	0.75 ~ 185	只有单芯一种
塑料绝缘软导线	RV	铜芯聚氯乙烯绝缘软线	交流 0.25	供各种移动电器接线	0.012 ~ 6	只有单芯一种
	RVB	铜芯聚氯乙烯平型软线	交流 0.25	供各种移动电器接线	0.12 ~ 2.5	只有单芯一种
	RVS	铜芯聚氯乙烯绞型软线	交流 0.25	供各种移动电器接线	0.12 ~ 2.5	只有单芯一种
	RVV	铜芯聚氯乙烯绝缘聚氯乙烯护套软线	交流 0.5	供各种移动电器接线	0.12 ~ 6 0.12 ~ 2.5 0.12 ~ 125	(2、3、4 芯) (5、6、7 芯) (10、11、12、14、16、19、24 芯)
	RV – 105	铜芯聚氯乙烯耐热软线	交流 0.25	供各种移动电器接线用于高温场所	0.012 ~ 6	只有单芯一种

类别	型号	名称	额定电压（kV）	主要用途	截面范围（mm²）	备注
塑料绝缘塑料护套电力电缆	VLV（VV）	铝（铜）聚氯乙烯绝缘聚氯乙烯护套电力电缆	6	敷设在室内,隧道内及管道中,不能承受机械外力作用	2.5～150	
	VLV29（VV29）	同VLY（VV）型,内铜带铠装	6	敷设在地下,可承受械外力,不能承受大的拉力	4～150	
	VLV30（VV30）	同VLV（VV）裸细钢丝铠装	6	敷设在室内、矿井中,能承受机械外力及相当的拉力	16～300	
	VLV39（VV39）	同VLV（VV）型,内细钢丝铠装	6	敷设在水中,能承受相当的拉力	16～300	
	VLV50（VV50）	同VLV（VV）型,裸粗钢丝铠装	6	同VLV30（VV30）	16～300	
	VLV59（VV59）	同VLV（VV）型,内粗钢丝铠装	6	同VLV30（VV30）	16～300	
通用橡套软电缆	YZ	中型橡套电缆	0.5	连接轻型移动电气设备,还具有耐气候和一定的耐油性能	0.5～6	有2、3芯和3十1心共三种
	YZW	中型橡套电缆	0.5	连接轻型移动电气设备,还具有耐气候和一定的耐油性能	0.5～6	有2、3芯和3＋1心共三种
	YC	重型橡套电缆	0.5	连接轻型移动电气设备,能承受较大的机械外力作用	2.5～120	有2、3芯和3＋1心共三种
	YCW	重型橡套电缆	0.5	同YC,型还具有耐气候和一定的耐油性能	2.5～120	有2、3芯和3十1心共三种
	YQ	轻型橡套电缆	0.25	连接轻型移动电气设备	0.3～0.75	有2、3芯两种
	YQW	轻型橡套电缆	0.25	连接轻型移动电气设备,还具有耐气候和一定耐油性能	0.3～0.75	有2、3芯两种

续表

类别	型号	名称	额定电压 （kV）	主要用途	截面范围 （mm²）	备注
控制电缆	KLVV （KVV）	铝芯绝缘聚氯乙烯护套控制电缆（铜芯绝缘聚氯乙烯护套控制电缆）	交流0.5 直流1及以下	敷设在室内、电缆沟中管道内及地下	0.75~6	其中:0.75~2.5 mm²的有4、5、7、10、14、19、24、30、37 芯的
	KLVV29 （KVV29）	同 KLVV（KVV）型,裸钢带铠装	交流0.5 直流1及以下	同 KLVV（KVV）型,能承受较大机械外力作用	0.75~6	4 mm²的有4、5、7、10、14 芯的; 6 mm²的只有4、5、7、10 芯的
	KLXV （KXV）	铝(铜)芯,橡皮绝缘聚氯乙烯护套控制电缆	交流0.5 直流1及以下	同 KLVV（KVV）型	0.75~6	
农用地下直埋绝缘线	NLV	农用地埋铝芯聚氯乙烯绝缘电线	交流0.5 直流1及以下		2.5~50	
	NLVV, NLVV－1	农用地埋铝芯聚氯乙烯绝缘聚氯乙烯护套电线	交流0.5 直流1及以下		2.5~50	
	NLYV, NLYV－1	农用地埋铝芯聚乙烯绝缘聚氯乙烯护套电线	交流0.5 直流1及以下		2.5~50	

附录 D 建筑电气平面图常用图形符号

说明		图形符号	说明		图形符号
1.电气线路			带接地插孔的单相插座	一般符号	
	中性线			暗装	
	保护线			密闭（防水）	
	保护和中性共用线			防爆	
	向上配线		带接地插孔的三相插座	一般符号	
	向下配线			暗装	
	垂直通过配线			密闭（防水）	
2.照明灯具				防爆	
	灯的一般符号	⊗	5.开关		
荧光灯	一般符号		单极开关	一般符号	
	二管荧光灯			暗装	
	三管荧光灯			密闭（防水）	
	五管荧光灯			防爆	
	平装灯口	○	双极开关	一般符号	
	广照型（配光型）灯			暗装	
	球形灯	●		密闭（防水）	
	防水防尘灯	⊗		防爆	
	局部照明灯		三极开关	一般符号	
	壁灯			暗装	
	安全灯			密闭（防水）	
	防爆灯	●		防爆	
3.配电箱					
	端子板	11 12 13 14 15 16			
	配电箱一般符号				
	动力或动力－照明配电箱				
	信号板、信号箱（屏）	⊗			
	照明用配电箱（屏）				
	事故照明配电箱（屏）				
	多用照明配电箱（屏）				
4.插座					
单相插座	一般符号				
	暗装				
	密闭（防水）				
	防爆				

附录 E 部分常用通信电缆导线名称、型号及用途表

序号	线缆型号	名称	备注
1	SYV	实芯聚乙烯绝缘射频同轴电缆	供无线电通讯广播设备和无线电电子设备传输信号用
2	SYWV（Y）	物理发泡聚乙绝缘射频同轴电缆	适用于闭路监控及有线电视工程
3	RVVP	铜芯聚氯乙烯绝缘屏蔽聚氯乙烯护套软电缆	电压 300/300 V 2-24 芯，用途：仪器、仪表、对讲、监控、控制安装
4	RG	物理发泡聚乙烯绝缘接入网电缆	用于同轴光纤混合网（HFC）中传输数据模拟信号
5	KVVP	聚氯乙烯护套编织屏蔽电缆	用于电器、仪表、配电装置的信号传输、控制、测量
6	SBVV HYA	数据通信电缆（室内、外）	用于电话通信及无线电设备的连接及电话配线网的分线盒接线用
7	BV、BVR	聚氯乙烯绝缘电缆	用于电器仪表设备及动力照明固定布线用
8	KVV	聚氯乙烯绝缘控制电缆	用于电器、仪表、配电装置信号传输、控制、测量
9	SFTP	双绞线	用于传输电话、数据及信息网
10	SDFAVP、SDFAVVP、SYFPY	同轴电缆	电梯专用
21	JVPV、JVPVP、JVVP	铜芯聚氯乙烯绝缘及护套铜丝编织	电子计算机控制电缆